100个创意科普游戏

向海洋出发

[波兰] 皮奥特·卡尔斯基 著

马由冰 译

中国友谊出版公司

1519 年，葡萄牙人费尔南多·德·麦哲伦率领一支由五艘船组成的探险队开始进行环球航行。

麦哲伦

这次航行于 1522 年完成，五艘船中只有"维多利亚号"平安返回了西班牙，出航的船员人数也从启航时的 200 多人锐减到 18 人。

在这幅地图上，用红笔画出麦哲伦航海的路线吧。

现在，换另一种颜色的笔，在地图上画出从法国加来出发，途径巴拿马运河和苏伊士运河的最短环球航线吧。

苏伊士运河于 1869 年通航，巴拿马运河于 1914 年通航，它们为各类船只缩短了上万千米的航程。

麦哲伦环球航行的行程

1519 年 9 月 20 日
从桑卢卡尔-德巴梅达出发。

1519 年 9 月 26 日
抵达加那利群岛。

1519 年 12 月 13 日
抵达瓜纳巴拉湾。

1520 年 1 月 10 日
抵达拉普拉塔。

1520 年 10 月 21 日至 11 月 28 日
船队发现一条通往"南海"的狭道，也就是
后人所称的"麦哲伦海峡"。

1521 年 1 月 21 日
抵达普卡普卡环礁。

1521 年 3 月 6 日
抵达马里亚纳群岛。

1521 年 3 月 17 日
抵达菲律宾群岛。

1521 年 4 月 27 日
麦哲伦在麦克坦岛遇难，胡安·塞巴斯蒂
安·埃尔卡诺接管船队。

1521 年 11 月 8 日
船队在马鲁古群岛获得丁香和桂皮等香料。
旅行结束后，它们不仅以此充抵航行的花销，
还换得大量利润。

1522 年 1 月 25 日
抵达东帝汶。

1522 年 5 月 22 日
抵达好望角。

1522 年 7 月 9 日
抵达佛得角。

1522 年 9 月 6 日
回到桑卢卡尔-德巴梅达。

北冰洋

拉普捷夫海

喀拉海

巴伦支海

东西伯利亚海

白令海

亚洲

波罗的海

格但斯克

亚速海

欧洲

黑海

里海（这是一个
巨大的咸水湖）

地中海

苏伊士运河

红海

波斯湾

阿曼湾

非洲

阿拉伯海

几内亚湾

亚丁湾

鄂霍次克海

日本海

黄海

东海

太平洋

菲律宾海

马里亚纳群岛

麦克坦岛

孟加拉湾

南海

苏拉威西海

马鲁古海

马鲁古群岛

阿拉弗拉海

爪哇海

班达海

东帝汶

大洋洲

印度洋

帝汶海

珊瑚海

卡奔塔利亚湾

莫桑比克海峡

好望角

鲨鱼湾

澳大利亚

大澳大利亚湾

巴斯海峡

塔斯曼海

南冰洋

南极洲

地球上的海

这个星球上的海和洋称为海洋，它覆盖超过 70% 的地球表面。在地球上有生命活动的场所中，有 99% 是海洋。

想象一下，这两页就是地球上可供生物生存的全部空间。

右边的这个圆代表一座岛，尽可能多地用植物、动物和人类填满它吧！

这个岛的周围全是海，现在先画出几个你喜欢的海洋生物吧。本书将会带你认识更多海洋居民！

制作缆绳

准备粗头画笔、粗头铅笔或粗头毡笔，来为水手编一些缆绳吧。
记得每画一条股线，都要换不同的颜色哟。

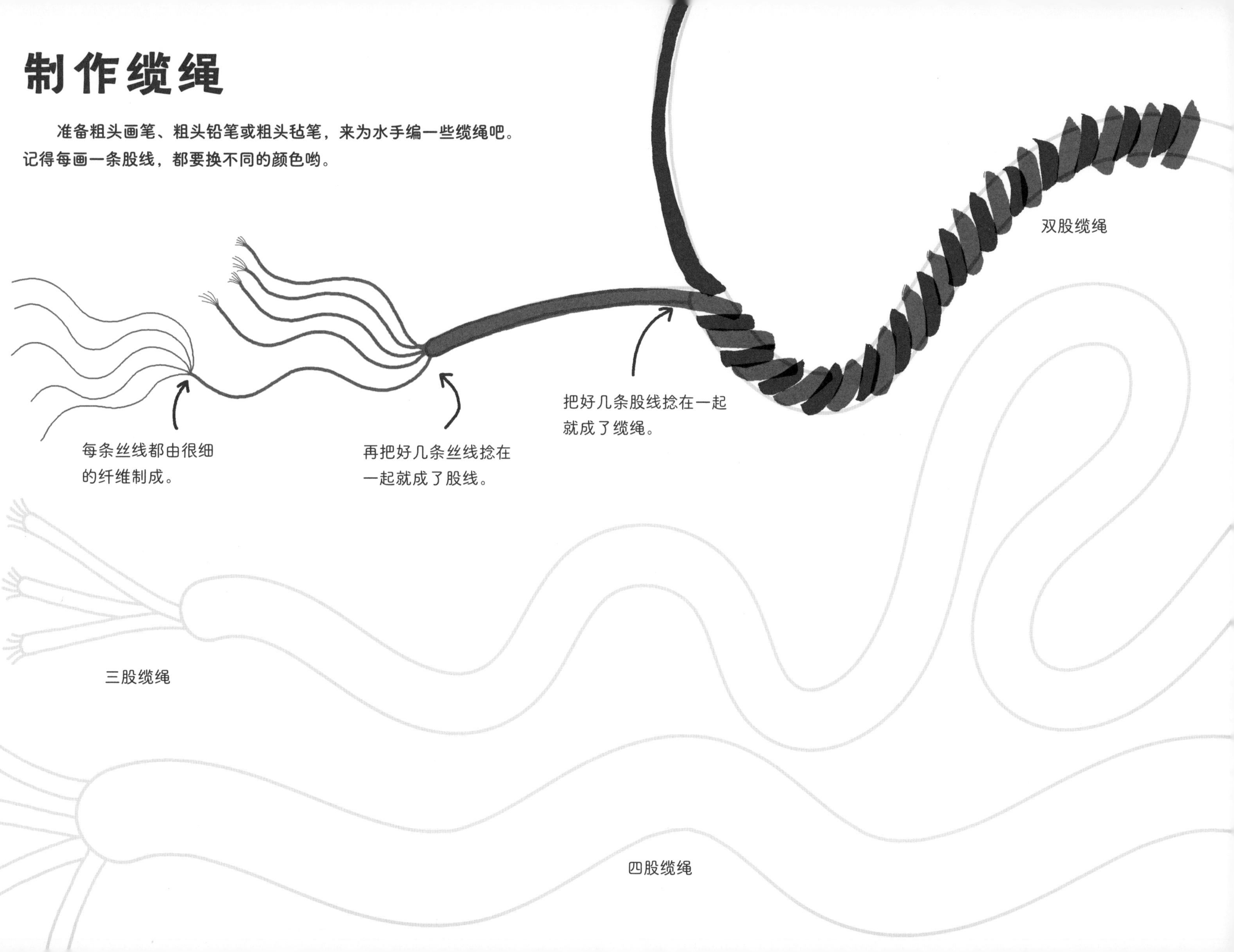

双股缆绳

把好几条股线捻在一起
就成了缆绳。

每条丝线都由很细
的纤维制成。

再把好几条丝线捻在
一起就成了股线。

三股缆绳

四股缆绳

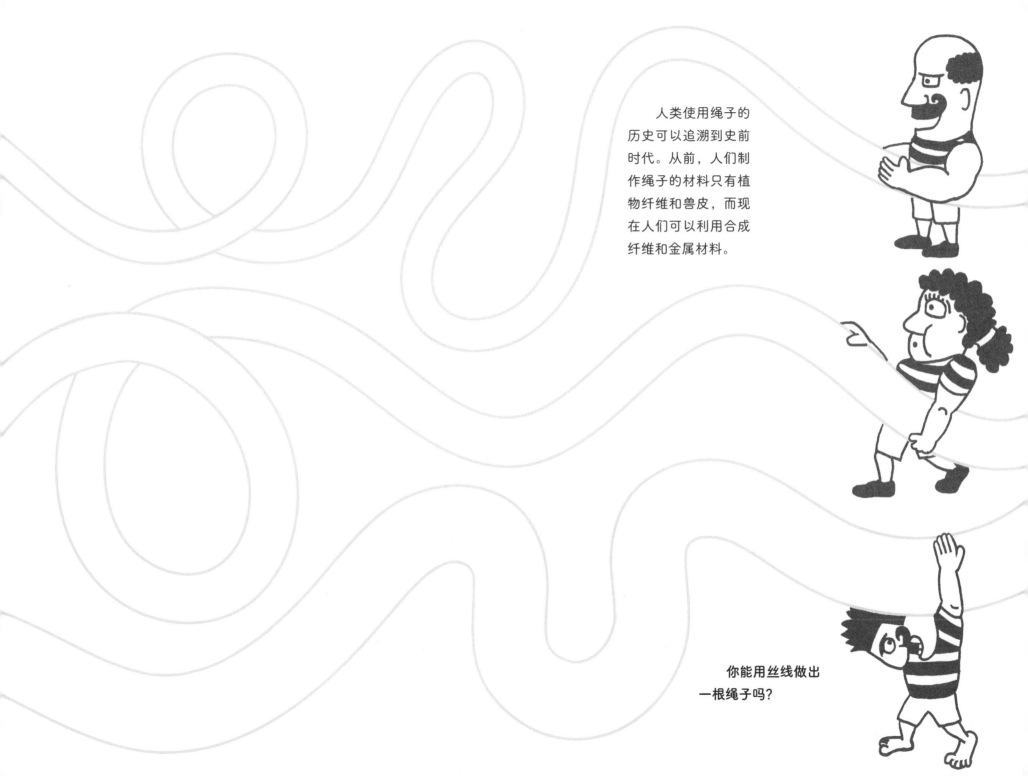

人类使用绳子的历史可以追溯到史前时代。从前，人们制作绳子的材料只有植物纤维和兽皮，而现在人们可以利用合成纤维和金属材料。

你能用丝线做出一根绳子吗？

水手结

你知道什么是水手结吗？跟着下面的步骤学着做一个吧！

学习水手结的相关知识，不仅对在船上工作的人十分有用，在你的业余生活和游戏活动中也能派上用场。

8 字结是简单结的升级版，水手为了避免绳子从系缆双角钩上滑落，经常打这种结。

锚结可以用在如锚、水桶或雪橇等一切有环的物体上。

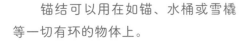

简易渔人结不仅十分结实，打起来也比较容易。它一般用于连接两根绳子，或是将断开的绳子重新连接起来。

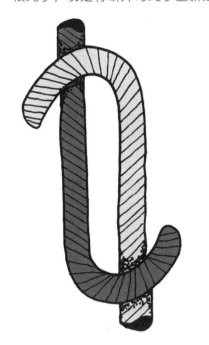 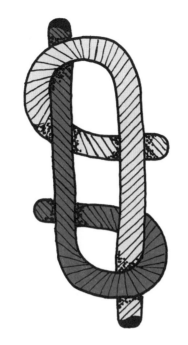  

称人结在危急关头可能会救你一命，试着在不看手的状态下完成它。

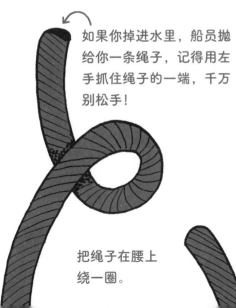

如果你掉进水里，船员抛给你一条绳子，记得用左手抓住绳子的一端，千万别松手！

把绳子在腰上绕一圈。

用右手打结。

小心别让绳子缠住手腕。

港口

是哪艘巨轮停靠在港口呢？试着画出来吧！

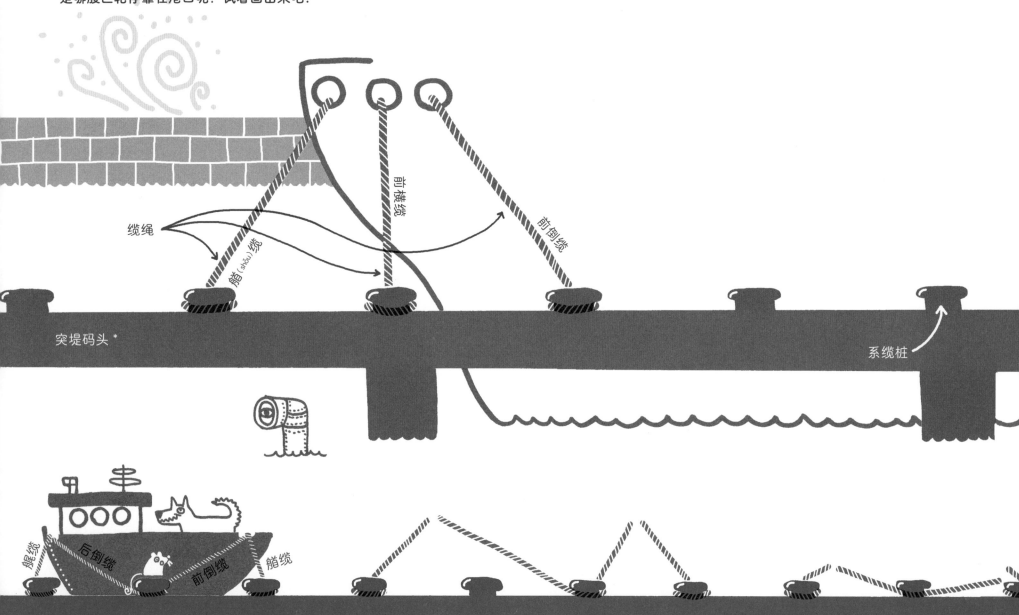

缆绳

艉（shǒu）缆

前横缆

前倒缆

突堤码头*

系缆桩

艉缆
后倒缆
前倒缆
艏缆

*编者注：突堤码头是由陆岸向水域中伸出的码头。

有两艘游艇停在港口，把它们画出来。

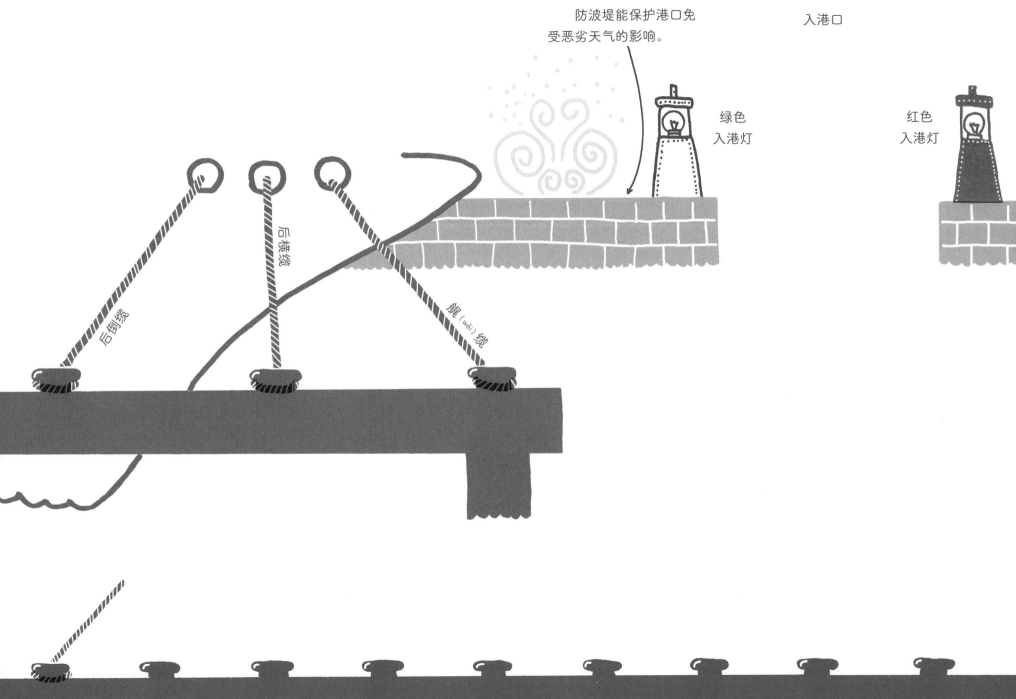

防波堤能保护港口免
受恶劣天气的影响。

入港口

绿色
入港灯

红色
入港灯

后倒缆

后横缆

艉(wěi）缆

有两艘船回到了港口，画出它们并给它们系好缆绳。

帆船比赛

组织一次帆船比赛！

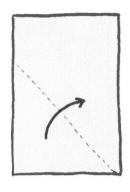

1. 如图所示，将长方形纸的左下角沿虚线向内折，使长方形底边与右边重合；

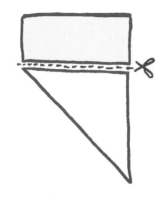

2. 将长方形上面多余的部分剪去；

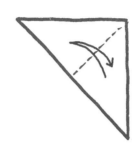

3. 将得到的三角形沿虚线对折，再展开，折痕为中线；

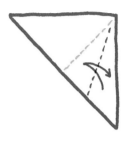

4. 将三角形的一条直角边向刚刚对折得到的中线折去，再展开（深色虚线是折痕）；

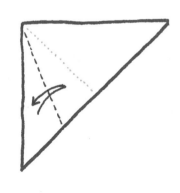

5. 将纸翻面，沿着步骤 4 得到的折痕再折一次；

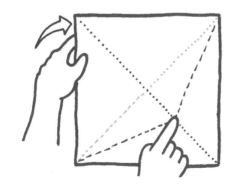

6. 将纸完全展开并翻面，把你的手指放在图示位置，另一只手提起箭头所指的部分，就做成了船帆；

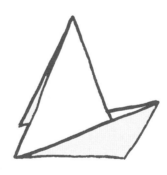

7. 沿船帆中线对折，并适当调整一下船身部分；

8. 为船身涂上颜色，再在船帆上写上你的名字和编号。

把折好的帆船放在地上，先试着从它的斜上方吹风，让它动起来吧。

　　如右图所示，将四个杯子（不包括起点处的杯子）分别摆到相应的位置，它们代表帆船比赛的路标。

比赛规则：

1. 吹风，让帆船沿着图中蓝色箭头的方向前进，用秒表计时，并把所用时间记在下面的表格里；

2. 如果你从错误的方向穿过路标，就必须尽快纠正路线；

3. 如果你的船翻了，要把它摆正，等 3 秒之后才能继续比赛；

4. 每位参赛者都要等前一位参赛者完成之后才能出发，并把用时记在表格中，每位参赛者的帆船要行驶两圈；

5. 将两次用时相加，记在倒数第二栏里；

6. 总用时最少的参赛者获得冠军。

参赛者编号	第一圈用时	第二圈用时	总用时	名次

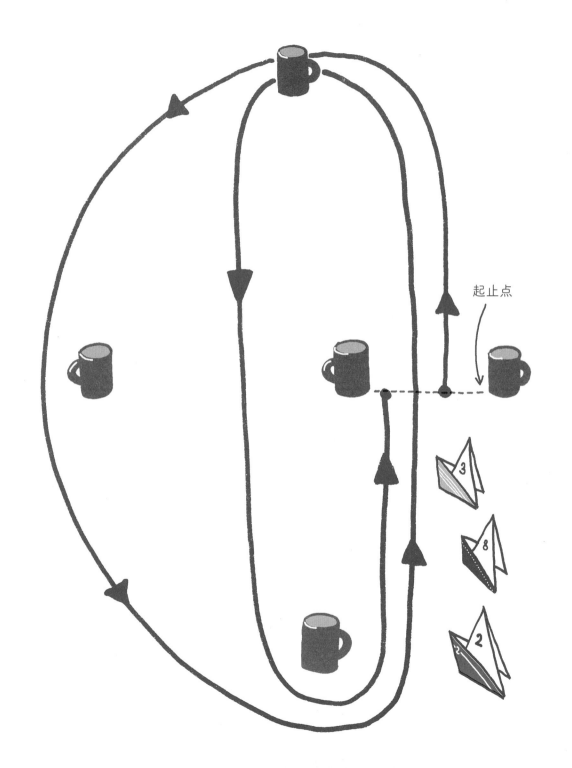

起止点

云的名字

200 多年前，英国人卢克·霍华德根据云的形状和高度给云做了分类，从那以后，云就有了自己的名字。

在积雨云下方画上暴雨、冰雹和闪电。在雨层云下方画一场暴雨。最后在白纸上剪一片积云，把它贴在空白的地方。

云是由漂浮的小水滴构成的，高空的云层中还有冰晶。

观察云的形态能帮助我们预测天气。例如卷云一般预示着天气即将变得恶劣，积雨云往往是暴风雨、冰雹或降雪的前兆。

积雨云
云体浓厚，向顶端垂直铺开，呈铁砧状，它是众云之王。

雨层云
呈暗灰色，云层很厚，可以阻挡阳光。

10

9

8

7

6

5

4

3

2

1

海拔高度
（单位：千米）

卷云

产生在高空的云，形状
像是一绺绺头发。

卷积云

位于高空，呈棉花状。

卷层云

丝缕状或薄幕状的
光滑云雾。

霍华德创立的云的分类法
启发了很多艺术家。在他的影
响下，英国画家约翰·康斯太
布尔成为最早在室外作画的艺
术家之一，而且在连续两年时
间里，他不画别的，只画云！

高积云

位于高空和低空中间，
形状多为圆形和卷形。

高层云

一层幕布状的云，覆盖
整片或部分天空。

层云

灰色的云幕，位于低空。

层积云

位于低空，呈层状
或堆状。

积云

积云的云块分散，形状
像穹顶或花菜，天气好
时，它就会出现。

躺在沙滩或草坪上，仔细看看天上的云。找到它们中形状最奇怪的云朵，给它取个名字，然后画在空白处吧！

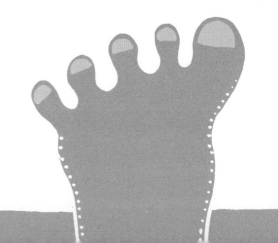

海的颜色

海水的颜色与它的深浅、成分和纯度有关，但更多是受到太阳相对于地平线的位置和天空云的多少的影响。

根据下面的颜色提示，在对应的空白格里涂上海水的颜色吧！

以波罗的海为例，它含盐度低，很浅但水温低，污染严重，其中生长着大量的海藻，所以海水呈暗绿色。

| 青绿色 | 钴蓝色 | 海蓝色 | 蔚蓝色 | 蓝宝石色 | 青色 |

海水还可以是什么颜色呢？发挥你的想象力，在最后空白的两栏里涂上颜色吧！

石墨色　　　　　孔雀蓝　　　　　群青色　　　　　天蓝色

环球航行

如果你准备一个人去环球航行，你需要随身带上哪些东西呢？请把它们画在下面的包裹里吧！

1898 年 6 月 27 日，加拿大裔美国人乔舒亚·斯洛克姆成功完成了人类历史上首次单人环球航行。他乘坐的是自己亲手建造的木帆船——"浪花号"。

斯洛克姆为这次长途航行做了充分的准备，他的船上不仅有食物、渔具，还有两盏灯：一盏功率较强，亮度很高，让其他船只即使在夜间也能发现"浪花号"；另一盏功率较弱，可以用来照明和取暖。另外，他还用一艘旧船的一半材料做成一艘小救生艇。

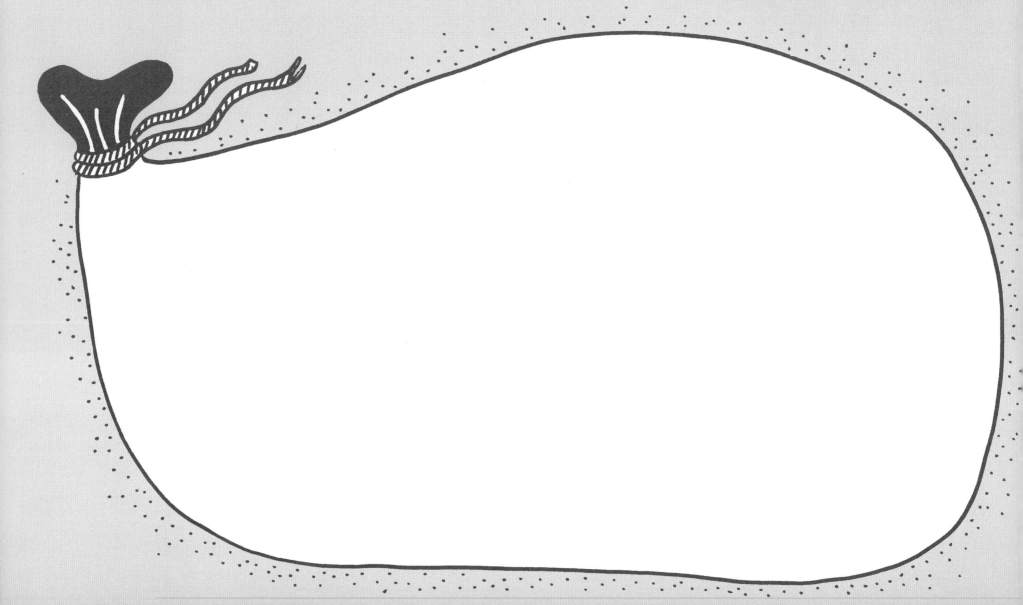

在航行途中，斯洛克姆曾在萨摩亚群岛逗留了好几个星期，还为了探访内陆的情况在非洲待了3个月。每到一处，他除了受到当地人的热情欢迎，也引来了许多好奇的目光。

斯洛克姆的这次航行一共持续了3年多。

独自一人长达几个星期在海上航行，会让人感到心里不安。为了避免这种情况，斯洛克姆在航行期间曾通过自言自语或唱歌来自我调节。除此之外，他在充分休息之余，还大量阅读并做了许多笔记。他回来之后，就把这些笔记整理并出版了。

"浪花号"有一个优点，就是它能自主维持航向，因此船员可以自由选择处理各类工作或睡觉。

直到今天，还有很多人在建造帆船时从"浪花号"身上汲取灵感，也有很多人勇敢地追随斯洛克姆的脚步探索无边的海洋。

在下图中的船帆上添加装饰，让它成为你的专属帆船吧！

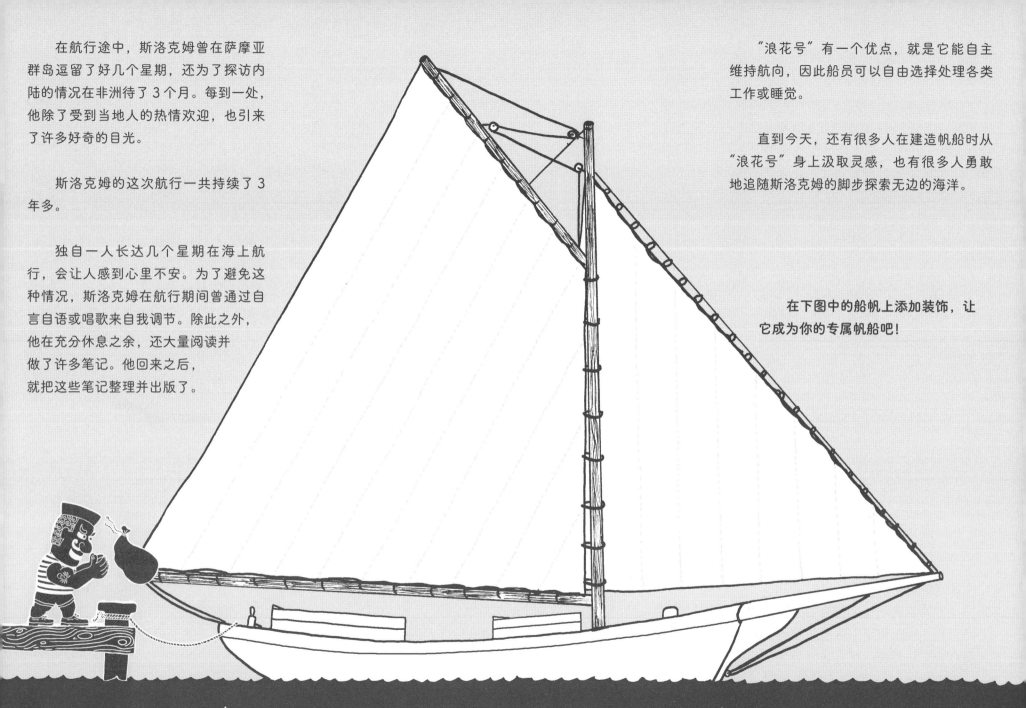

"浪花号"的船身只有 11.2 米长。

油之海

在没有海风的时候，海面会平静得像一面镜子。在法国，这种情况被水手称为"油之海"。下图是岸上风景在海面上的倒影，请推测出它们本来的样子，并在画面上方空白处画出来吧。

在没有海风的时候，海面会平静得像一面镜子。在法国，这种情况被水手称为"油之海"。下图是岸上风景在海面上的倒影，请推测出它们本来的样子，并在画面上方空白处画出来吧。

油之海

根据下页的蒲福风级表，你会发现这幅图中的风级是 0 级。

0

蒲福风级

通过分析海面和陆地的情况，可以确定风的强度，也就是风力的等级，即蒲福风级。蒲福风级将风力划分为 0—12 级，共 13 个等级（根据世界气象组织航海气象服务手册的分级）。

根据表格中的描述，在空栏中画出每个风级对应的海面和陆地情况。

1 软风	**2** 轻风	**3** 微风
海面波纹如鳞状，波峰没有泡沫	相隔短的微浪	小浪
陆地上烟囱的烟雾有轻微的变形	树叶发出微响	树叶和小树枝轻轻摇动

4 和风	**5** 劲风	**6** 强风
小浪，波峰起沫	中浪，波峰泛白沫，浪声扩大	大浪，白沫范围扩大
地面灰尘扬起，小树枝摇动	小树开始摇动	树枝剧烈摇动，行人的帽子被吹飞

7 疾风	**8** 大风	**9** 烈风
海浪扩大，白沫开始被风吹成条状	海浪进一步扩大，波峰出现浪花，白沫被风吹成明显的条状	浪峰倒卷，泡沫浓密，能见度降低
树枝、树干一起摇动，行人迎风前行会觉得吃力	小树枝被吹断，汽车难以维持原来的方向	瓦片掀起，开着的窗户玻璃被震碎

10 狂风	**11** 暴风	**12** 飓风
巨浪，海面几乎布满白沫，能见度很低	巨浪，海面完全盖满白沫，能见度极低	极巨浪，海面空气中充满浪花及白沫，能见度几乎为零
树木连根拔起，建筑物损毁	建筑物普遍被摧毁	一场灾难！

海啸

地震和海底火山爆发都可能引发海啸。海啸裹挟着巨大的波浪，能摧毁沿海地区。

用一只手同时抓几支铅笔，画出一幅海啸吧！

在海底，波浪以极快的速度移动，有时它的速度竟能超过 900 千米 / 小时！但在大多数情况下，它都是无声无息的。然而，当波浪来到较浅的海域，它的速度会减慢，同时波高增加，有时可达 50 多米。海啸能够深入陆地数十千米，造成巨大破坏。

在空白处添上几座山和到达山峰的疏散路线，让城市里的居民都能到山上避难。

海魂衫

这些水手的海魂衫上的条纹都去哪儿了？为每件海魂衫添上 12 条平行线，快行动起来！一场风暴即将来袭，你只有 90 秒时间。计时开始！

据说布列塔尼渔夫是最早穿海魂衫的人，海魂衫上有 12 道黑色平行线组成的条纹，远远看上去就像人的肋骨，他们认为这样可以骗过死神。

随着时间的推移，海魂衫被许多欧洲国家的海军当作制服。直到今天，俄罗斯舰队的士兵们还穿着海魂衫。

船首像

船首像指用来装饰帆船船头的雕像。船首像不仅要用油漆涂上颜色，往往还镀有一层金箔。

假如你和你的朋友们是这几艘船的船长，请你们为每条船设计一个船首像吧！

古埃及人、古希腊人和维京人都曾在船头绘制图案或雕刻雕像。但直到大约 500 年前，船首像的经典式样才被确定下来。船首像的形象多为女性或动物，水手们认为它们可以保护自己免受危险。此外，当时大多数人都不识字，无法辨识刻在船身上的船名，所以船首像还能帮助他们分辨不同船只。

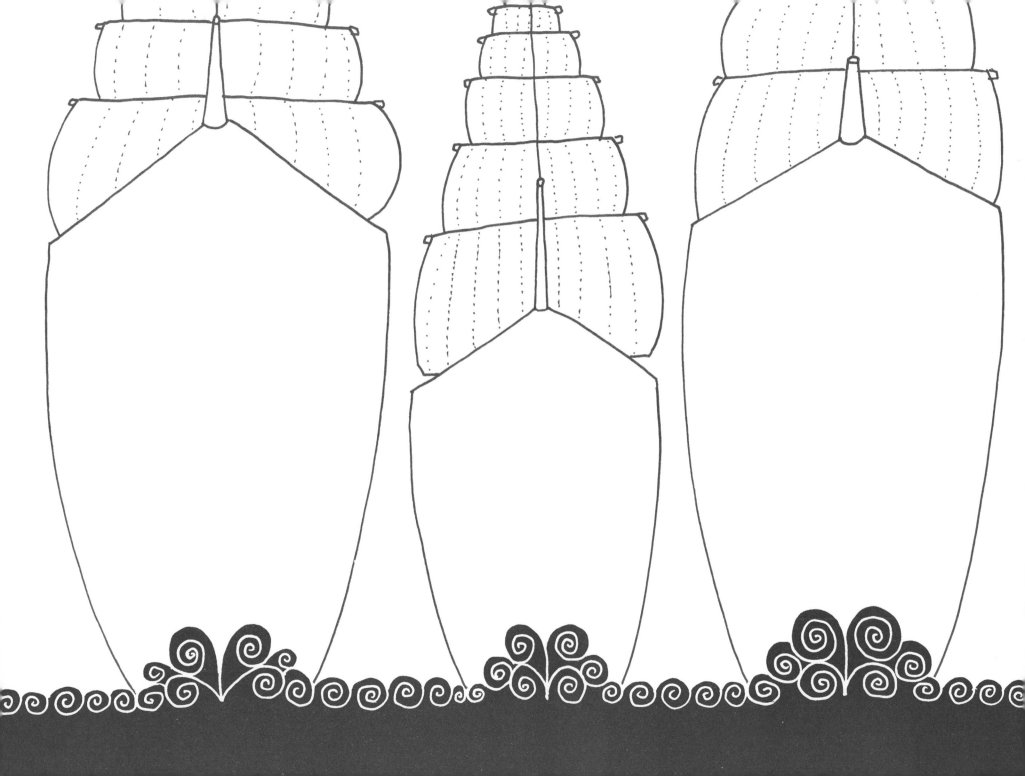

船尾装饰

下面是瑞典帆船"瓦萨号",请你把它的船尾装饰补画完整吧!

不仅船头有装饰,人们有时也会对船尾进行装饰,装饰物包括窗户、阳台、灯以及各式各样的雕塑。雕塑多以家族纹章和文化名人为主题,神话或现实里的动物也会被用到,比如龙。

"瓦萨号"属于瑞典国王古斯塔夫二世,它原本要被用于和波兰的战争中。然而,"瓦萨号"在出航第一天还没航行多远就沉没了。直到 333 年后,"瓦萨号"才被打捞上来。如今,我们可以在斯德哥尔摩博物馆里看到它。

现在尽情发挥想象，画一个
属于你的船尾吧！

美人鱼

从前，水手认为有美人鱼生活
在海里，它们上半身是人，下半身是鱼。
你认为图中的尾巴都是谁的？把它们画出来吧！

在神话传说中，美人鱼是一种非常危险的生物，她们会用歌声诱惑水手，然后杀掉他们。

文身

这位水手想要在自己身上文一些图案，你会为他选择什么图案呢？船锚，帆船，海怪，还是他的好搭档？或者，把这些全都画上？手臂、胸部和背部都可以画哟！

文身是许多文化中重要的元素。古代欧洲人就已经开始文身了。但有一段时间，文身似乎被人们遗忘了，直到大约 300 年前，詹姆斯·库克所率船队的水手从波利尼西亚人那里，学会了这种在皮肤上雕刻的技术，才将它重新带回到大众的视野。

美国人诺曼·凯斯·科林斯是最著名的文身艺术家之一，他的外号叫"水手杰里"。他的工作室位于火奴鲁鲁，吸引全世界的客人慕名而来。诺曼不仅是一位文身师，他也是一名水手和吹奏萨克斯风的乐手。

沙漏

制作一个沙漏计时器吧!

你需要准备:
- 两个一模一样的瓶子,容量 500 毫升
- 一块纸板
- 一把剪刀
- 一大捆胶带,最好是透明胶
- 干燥的细沙或细盐

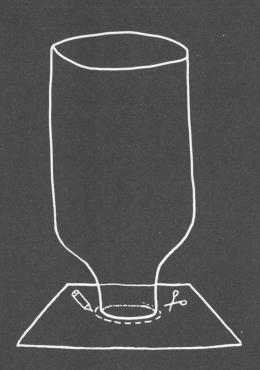

1. 将一个瓶子倒扣在纸板上,用笔在纸板上沿着瓶口描边,然后沿着画笔的印记将圆剪下;

2. 在剪下的圆纸片中心戳一个直径约 2 毫米的洞,将圆纸边缘打磨光滑;

3. 确保瓶内完全干燥后,在其中一个瓶子里装 3/4 的沙或盐;

瓶口与圆纸片一定要对齐,不能有任何空隙!

4. 将圆纸片对准装沙(盐)的瓶子的瓶口,将另一只瓶子口朝下对准圆纸片放上去,用胶带将它们固定在一起,这个装置就是初步完成的沙漏计时器;

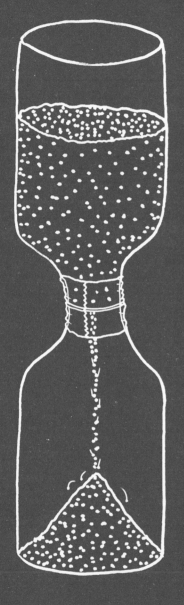

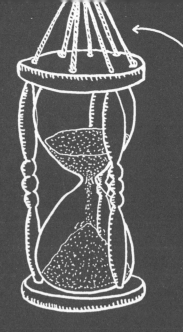

30 分钟后，如果上方的瓶子内依然留有沙子，那么就将沙漏平放，撕去胶带，倒出多余的沙子，再用胶带重新固定好即可。

如果沙子不到 30 分钟就已全部流下去，那你就需要换一张圆纸片，并戳一个小一些的孔，或者在上面的瓶子内再加一些沙子。

5. 将沙漏翻转，让装有沙子的瓶子在上面，等待 30 分钟；

6. 现在，一个沙漏就做好了。如果你遇到一个需要花费很多时间的任务，就可以先估算一下需要花费的时间，然后利用沙漏来计时，每隔半小时检查一下你的进度快慢。

在船上，人们会用绳子将沙漏挂起来，这样哪怕船左右颠簸，沙子依然能自然地流到下面的瓶子里。

一艘帆船上的水手一般会被分为 3—4 组，一组工作 4 小时后轮到下一组，我们称这段时间的工作为"值班"，而工作的水手就称为"值班水手"。

从前，水手用沙漏来计时，沙子从上面的瓶子全部流下去的时候，就会有人敲一次值班钟，每当值班钟响起，就代表又过去了半小时。

此外，水手还会用更小的沙漏来计算航速。通过测量航速和时间，水手能够确定船只所在位置。如今，沙漏被钟表取代，船只的定位也由全球定位系统（GPS）系统来跟踪，只有值班制度保留了下来，还有那每半小时响起的钟声依然回荡在船上。

转轮计程仪

自己动手，制作一台转轮计程仪来计算你走路的速度吧!

转轮计程仪是一种非常简单的测量工具，它由小木棍、绞线盘和细绳组成。以前，水手用它来测量船只的航速。

你需要准备:
- 100 米长的绳子
- 一把测量长度的软尺
- 一块大石头
- 一根光滑的木杆
- 秒表

从船尾丢出的木块会停留在它入水的地方

水手用沙漏数 28 秒

绳子在绞线盘上自然转动

结

这就是以前船上使用的简易计程仪

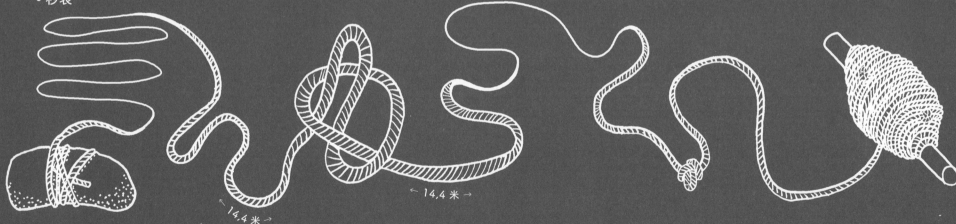

← 14.4 米 →

← 14.4 米 →

1. 将绳子一端绑在石头上。如果你想要测量一艘帆船的航速，那就把石头换成一段木头;

2. 从绑有石头的一端开始量 14.4 米，在这个位置打一个牢固的结;

3. 从打结的地方再量 14.4 米，在新的位置再打一个结，重复以上操作直到绳子另一端;

4. 将绳子缠绕在木杆上;

在海上计算距离的单位是海里，相应的速度单位是节。

1 海里相当于 1852 米。

如果一艘船 1 小时航行了 1 海里，我们就说它的时速是 1 节。

1 小时航行 1 海里，那么每 28 秒就是 14.4 米，通过数 28 秒内有几个间隔 14.4 米的节离开了转轮，就可以推算出船只的时速。

到目前为止，世界上最快的帆船是维斯塔斯航海火箭 2 号（Vestas Sailrocket 2），它曾创下时速 68 节的世界纪录，也就是说它 1 小时航行了 68 海里（超过 125 千米）!

刚性船帆，外形像是飞机的机翼

加固船体结构用的缆绳

保障船体平稳，支撑它浮在水面的滑动舭（bǐ）龙骨（在船舷和船底板连接的线性部分上安装的连续型材）

保罗·拉尔森船长

流线型船头，下面有三个浮筒支撑

5. 来到户外，将石头放在地上，启动秒表，然后拿着木杆向前走或跑，注意要保证绳子在不拖动石头的情况下，自由地向前；

6. 在 28 秒后停下，数一数木杆和石头之间有几个结，在右边的空格里记下数据。

* 如果你想要测量一艘帆船的航速，别忘了把石头换成一段木头，然后在出航时把它从甲板上扔到水里。

步行速度：☐☐ 节

跑的速度：☐☐ 节

船的航速：☐☐ 节

灯塔

深夜，一个水手在海上迷失了方向。更糟的是，他的地图和定位设备都掉进了海里。于是，他便沿海岸线航行，并注意到了灯塔发出的信号。

根据表格中的信息，在图中用圆点标出不同时间水手所在的位置，然后用线把它们连起来。

如今，船只是依靠全球定位系统在海上进行定位的。但在以前，水手只有地图和指南针这两种工具，他们便学会利用建在岸边的灯塔来分辨方向。起初，灯塔只是在高处或塔顶点燃的火把。到了 19 世纪，人们发明了用棱镜系统将光线聚集在一起的强光灯，它们取代了火把。

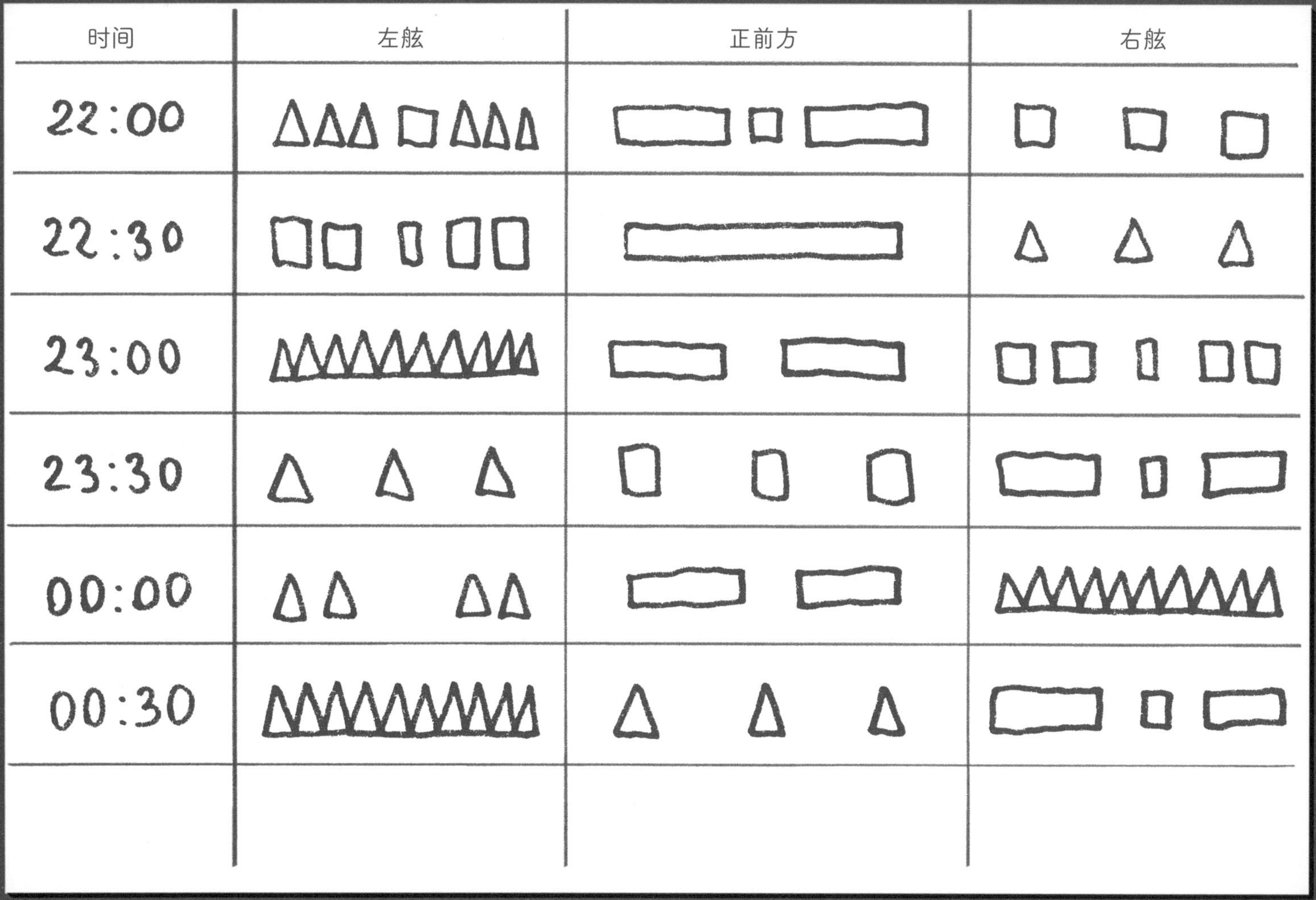

时间	左舷	正前方	右舷
22:00	△△△ □ △△△	▭ ▫ ▭	▫ ▫ ▫
22:30	▫▫ ▯ ▫	▭	△ △ △
23:00	▲▲▲▲▲▲▲	▭ ▭	▫▫ ▯ ▫▫
23:30	△ △ △	▫ ▫ ▫	▭ ▯ ▭
00:00	△△ △△	▭ ▭	▲▲▲▲▲▲
00:30	▲▲▲▲▲▲▲	△ △ △	▭ ▯ ▭

← 水手在入港时会看到什么图像呢？画在最后一栏里吧！

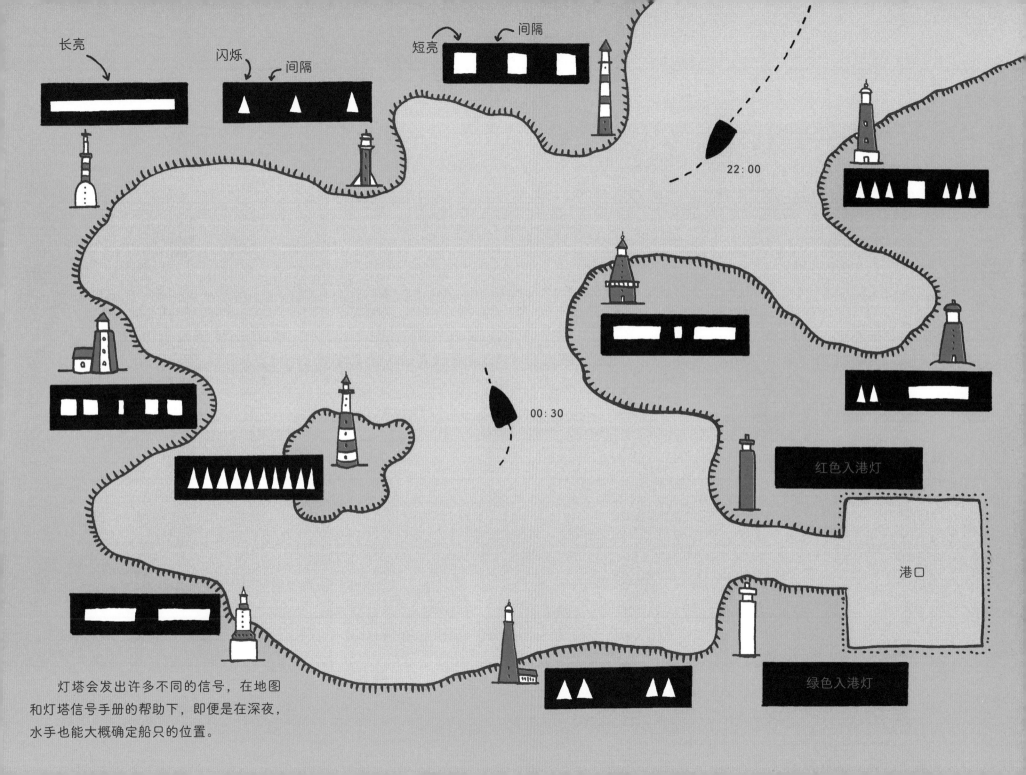

长亮

闪烁　　间隔

短亮　　间隔

间隔

22：00

00：30

红色入港灯

港口

绿色入港灯

灯塔会发出许多不同的信号，在地图和灯塔信号手册的帮助下，即便是在深夜，水手也能大概确定船只的位置。

灯塔管理员

灯塔管理员更换了这座灯塔的照明系统。现代的灯塔使用的是先进的全自动灯，不再需要管理员一直守在现场。在离开灯塔之前，管理员想要对灯塔的外观进行创意改造。你有什么好主意吗？是改成鸟儿的庇护所、旅馆的房间，还是常滑梯的游泳池？或者，你还有更特别的想法？

桅杆瞭望台

瞭望台位于桅杆顶部。瞭望员在那里观察船只周围的情况。你的船长能放心地任命你为瞭望员吗？

请你的小伙伴拿着这本书，站在离你 3 米远的地方。把书翻到本页，然后，请你闭上一只眼睛，数数下面的船各有几道帆。

如果你看不清楚，可能需要去找眼科医生检查视力了！

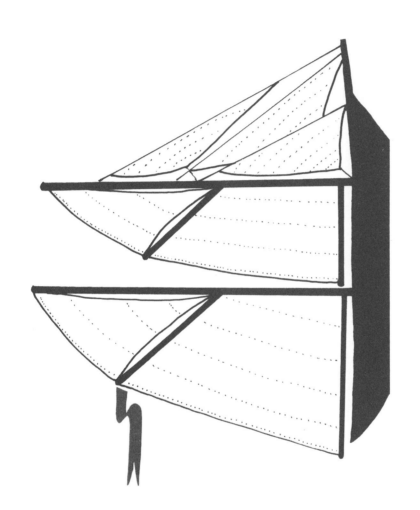

双桅纵帆船

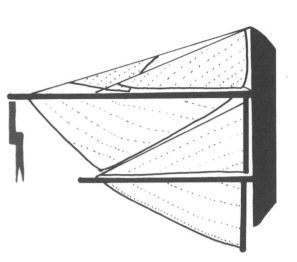

双桅小帆船

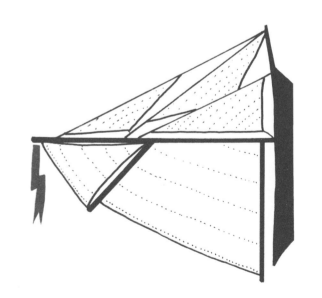

独桅帆船

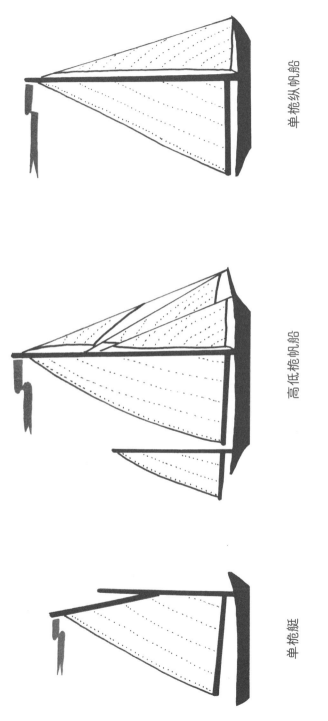

单桅纵帆船

高低桅帆船

单桅艇

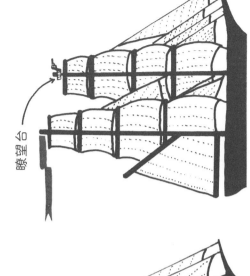

瞭望台

双桅横帆船

百慕大双桅纵帆船

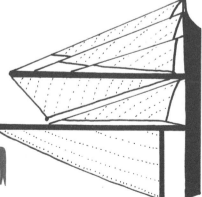

多桅帆船

全帆装船

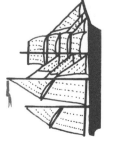

后桅纵帆三桅船

三桅纵帆船

前桅横帆三桅船

帆船的名字是由它上面桅杆的数量和船帆的类型决定的。单桅艇和单桅纵帆船只有一根桅杆，高低桅帆船、双桅小帆船、双桅横帆双桅船和双桅横帆船有两根桅杆，多桅船可以有二根以上的桅杆。顾名思义，在帆船的命名法中，三桅、四桅、五桅指的是桅杆的数量，而横帆、纵帆、百慕大帆、拉丁帆等则说明了船帆的类型。

地平线

地平线尽头出现了一片陆地！

你在望远镜里看到了什么？都画出来吧！前面的陆地是山区还是平原？是冰天雪地还是热带雨林？你有没有发现什么新物种？

如今，人类几乎已经了解了地球上的每一个角落，但在 200 年前，人们能经常发现新的小岛，甚至一片新大陆！

虽然人类在古代就曾猜想在地球南部有一块大陆，但直到 1820 年，南极洲才真正被发现，这比人类发现天王星还晚了 39 年。直到 1895 年，南极洲登陆记录首次被确认。

由于海底的火山活动，新的岛屿仍在不断地浮现。今天，在对地球表面实时监测的卫星的帮助下，已经没有一座新岛屿能躲过科学家的眼睛。

南极的"热带雨林"

　　滴 3 滴颜料到水里，把染了色的水倒进碗里，放入冰箱冷冻。等到水结冰之后，戴上手套，拿出一块冰，把它当作南极的冰面，用颜料在上面画一片茂密的森林吧。

　　5500 万年前，地球曾经历了一段升温期，当时的南极被一片广阔的热带雨林覆盖着。海滩上，到处可见摇摇摆摆的企鹅祖先，它们是直接从新西兰迁徙而来的。根据在南极洲发现的化石，人们才了解到这些不可思议的过去。

　　大约 3400 万年前，气候开始变得寒冷，许多种类的企鹅开始向北迁徙，寻找更加温暖的栖息地。它们在非洲南部、澳大利亚、新西兰以及南美洲沿海地区都留下了足迹，它们的后代至今还生活在那里。

只有耐寒的企鹅留在了南极，其中就有世界上最大的企鹅——帝企鹅。

帝企鹅主要以从南极洲周围冰冷的海域中捕到的鱼类和甲壳动物为食。帝企鹅可以承受 -60℃的低温。在繁殖季节，雄性帝企鹅承担了孵蛋的职责，它们甚至可以在不吃不喝的情况下坚持 100 多天。

今天，南极由冰盖和冰帽覆盖，其平均厚度约为 2000 米，最厚处约有 5000 米。然而科学家预测：在不远的将来，冰川会融化，海平面随之上升数十米，南极可能将重现繁茂的雨林。

冰山

我们看到的冰山，只不过是冰山峰顶露出水面的部分。

把每座冰山补画完整，冰山在水下的部分是水上部分的 8 倍大，注意要躲开海里的动物！

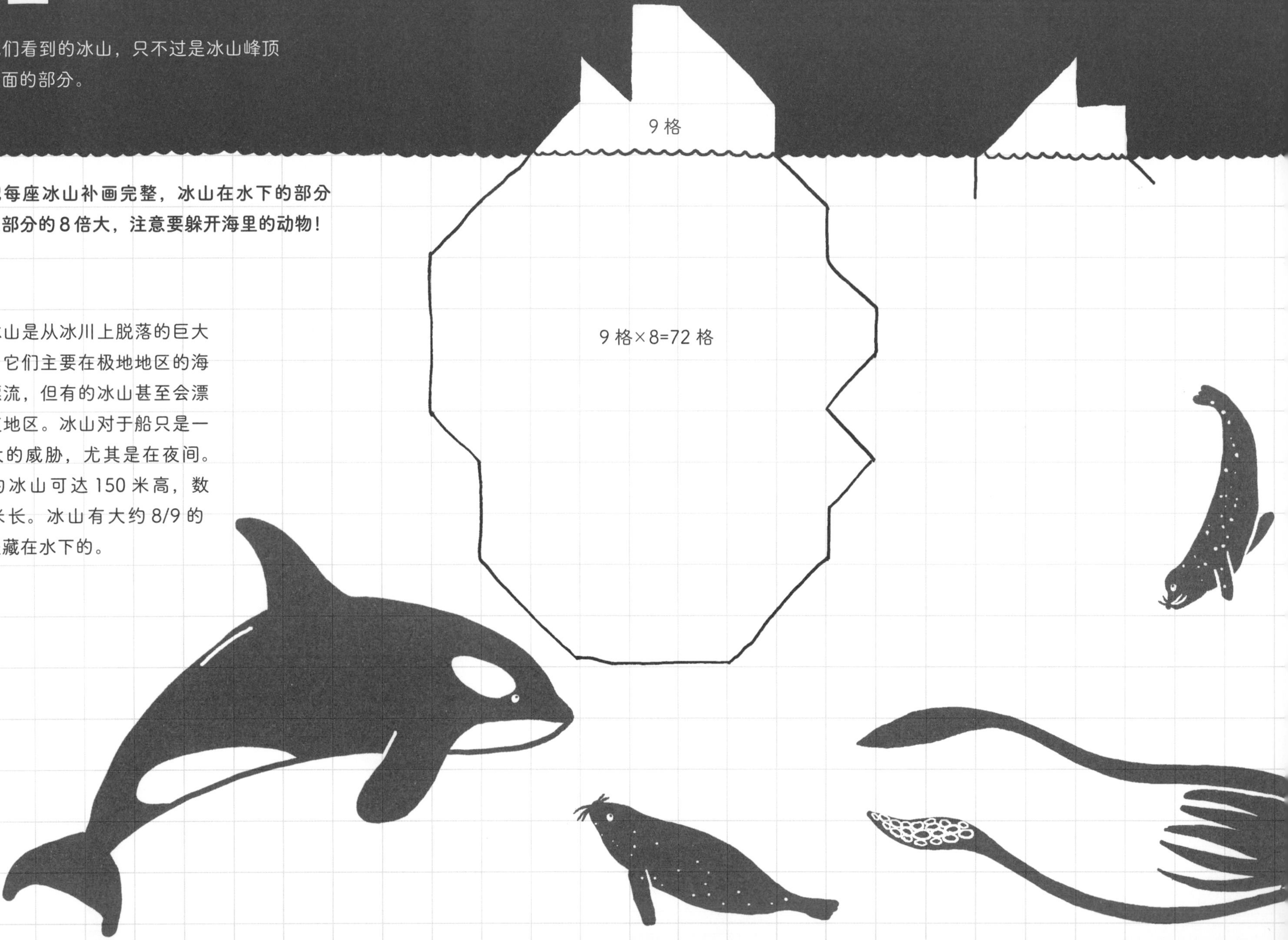

冰山是从冰川上脱落的巨大冰块。它们主要在极地地区的海洋上漂流，但有的冰山甚至会漂到赤道地区。冰山对于船只是一个巨大的威胁，尤其是在夜间。最大的冰山可达 150 米高，数十千米长。冰山有大约 8/9 的体积是藏在水下的。

9 格

9 格×8=72 格

冰山也会融化，不过
融化得非常缓慢，大约会
花上几年的时间。

浮冰

帮助这艘科考船找出一条路，穿越这片漂在海上的浮冰吧！

在这种满是浮冰的海面上航行可不是一件容易的事，哪怕只是走神一瞬间，都有可能造成严重的后果。

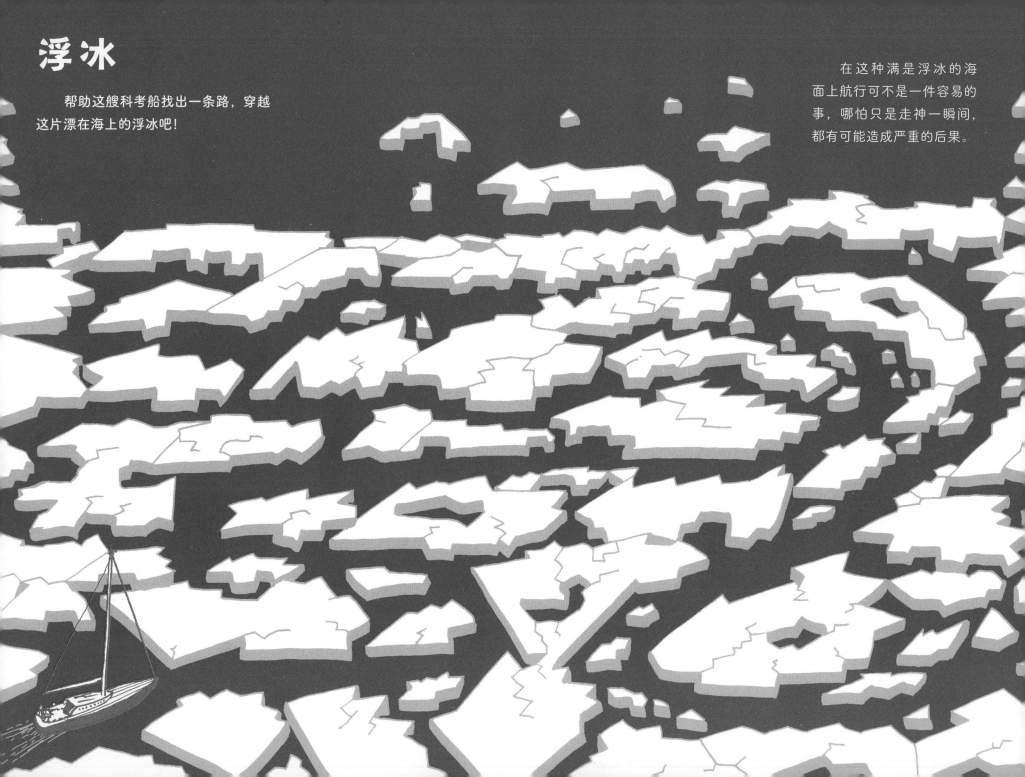

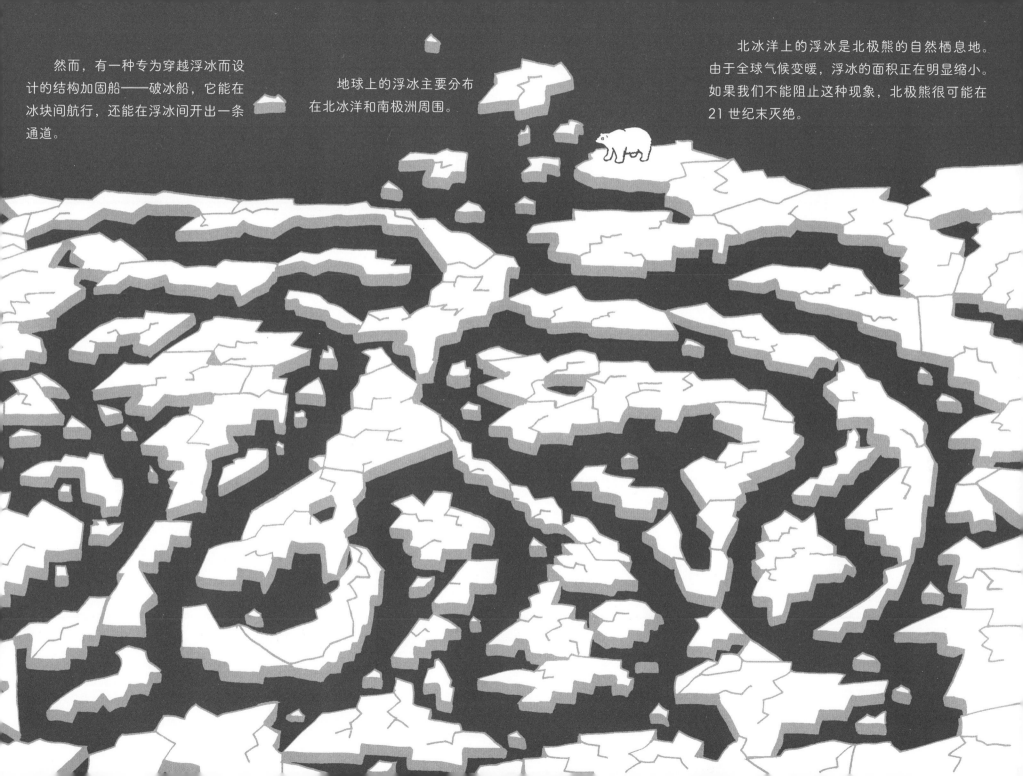

然而，有一种专为穿越浮冰而设计的结构加固船——破冰船，它能在冰块间航行，还能在浮冰间开出一条通道。

地球上的浮冰主要分布在北冰洋和南极洲周围。

北冰洋上的浮冰是北极熊的自然栖息地。由于全球气候变暖，浮冰的面积正在明显缩小。如果我们不能阻止这种现象，北极熊很可能在21世纪末灭绝。

集装箱船

你知道吗，大多数商品都是通过
集装箱船运送到世界各地的！

仔细观察你身边的物品，它们身上很可能会标明它们的出生地。
中国以外地区生产的产品很有可能是用集装箱船运来的，在上面的空
栏中分别画上你观察到的物品和它们的产地吧！

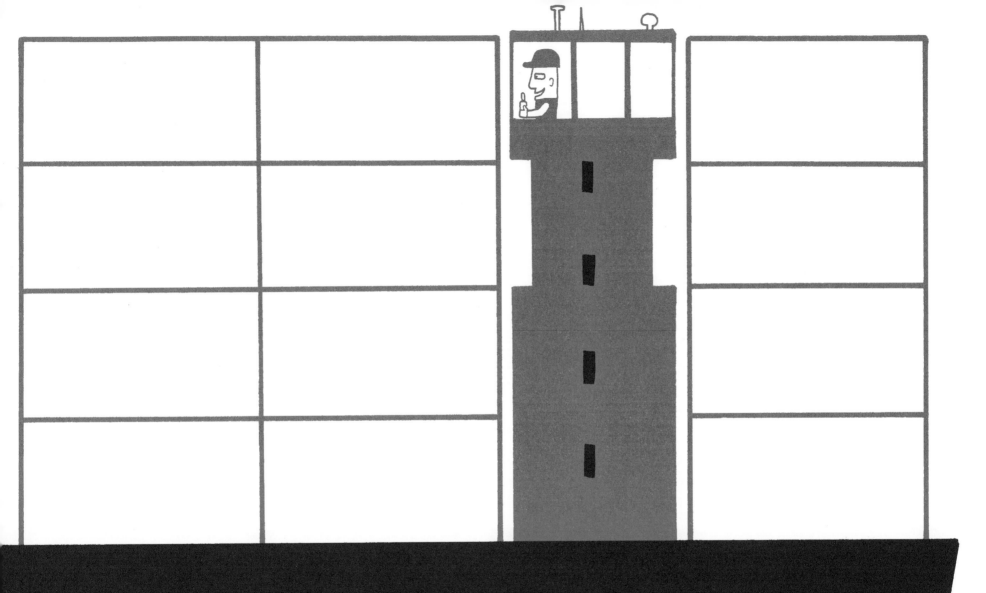

产地的英文写法: made in EU 欧洲生产、made in France 法国生产、made in UK 英国生产、made in USA 美国生产、made in China 中国生产。

一个集装箱能装 6 辆汽车,有些集装箱船甚至能容纳超过 2 万个集装箱。中国的上海港是世界上最大的集装箱港口,2016 年,上海港的集装箱吞吐量超过 3700 万个。

潮汐

潮汐是在月球或太阳引力作用下发生的海面垂直方向涨落的现象，潮汐包括涨潮和退潮。

图中是退潮结束后的低潮景象：水完全退出了港口范围。那么涨潮结束后的高潮现象会是怎样呢？水什么时候会回来呢？

下图中谁会漂在水面，谁会在游在水中，谁会沉在海底呢？

别忘了画上码头的渔夫们，他们正准备在涨潮的时候下海捕鱼呢！

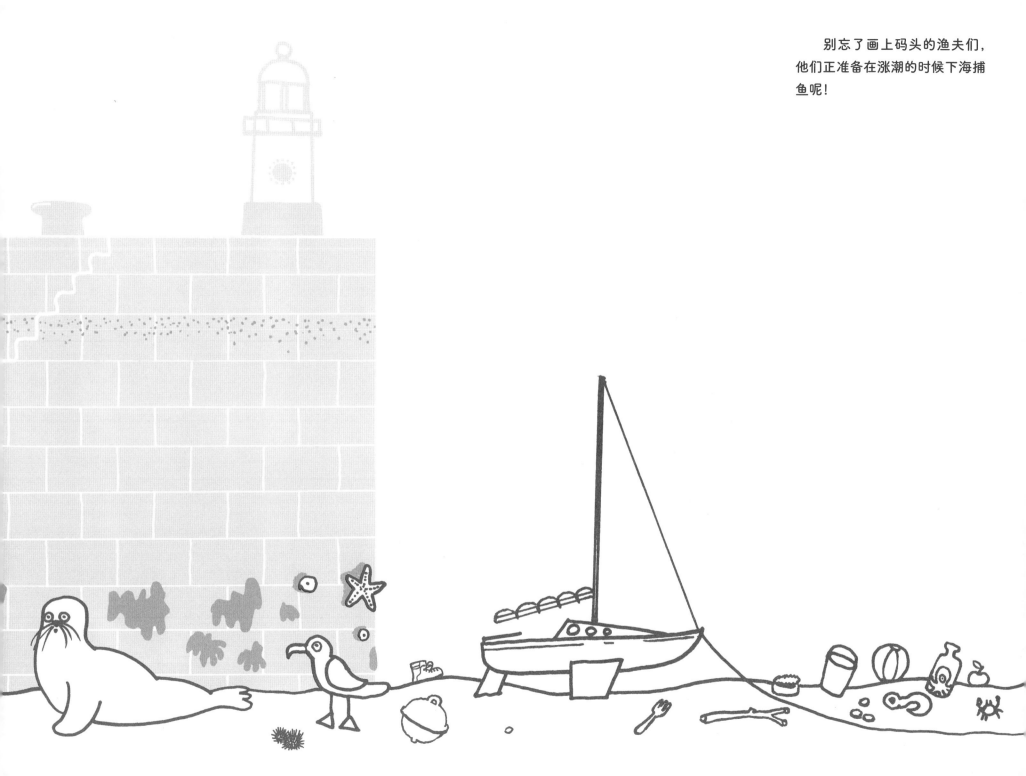

渔夫的画像

这些渔夫的画像还没有完成，接下来，就交给你啦。

渔夫的皮肤一直受风吹，被海水浸泡，加上被太阳暴晒，所以年轻时就长出了皱纹。

无论是直接照射在脸上的阳光，还是经由水面反射的阳光都会加速皮肤衰老。如果你去海边或是出海游玩，别忘了涂防晒霜哟！

涌潮

涌潮是一种特殊的潮汐现象：潮水涌上较窄的河道后，减缓河水流动，河水水位暴涨。

找一个小伙伴来做游戏吧！让他坐在你的座位上，用最快的速度把潮水画出来。

现在，你去坐到他的对面，拿一支笔，给所有一楼的门和窗上添上防洪门，抓紧时间画，一定要在涌潮到来之前，保护好这条位于汉堡的海滨街道！

注意：你们应该同时开始画！

每当防洪门没顶的时候，就要把楼层标示加重。

图上的水位还不算高，拿出你的画笔来提高水位吧。一格相当于半股波浪。

汉堡是一座德国城市，坐落于易北河畔，距离易北河的入海口约100千米。如果波罗的海有暴风雨，涌潮会使汉堡境内的易北河水位暴涨约2米，它的最高纪录是超过海平面6.5米！

近年来，汉堡完成了对港口区域的改造，这个区域被称作汉堡港城，它只比海平面高出5米。然而人们却没有在这里建筑高大的堤坝，因为每幢建筑上都安装了防洪门，在水位上升时，只要关上防洪门就可以阻挡潮水了。

邮轮

为你自己设计一艘大邮轮！

世界上最大的邮轮就像一座浮在海上的城市。除了客舱，邮轮还提供了餐厅、游泳池、滑冰场、健身房、游乐场、电影院、剧场、图书馆、KTV、商店等活动场所，有的邮轮上甚至还有公园！你的邮轮上又会有些什么呢？

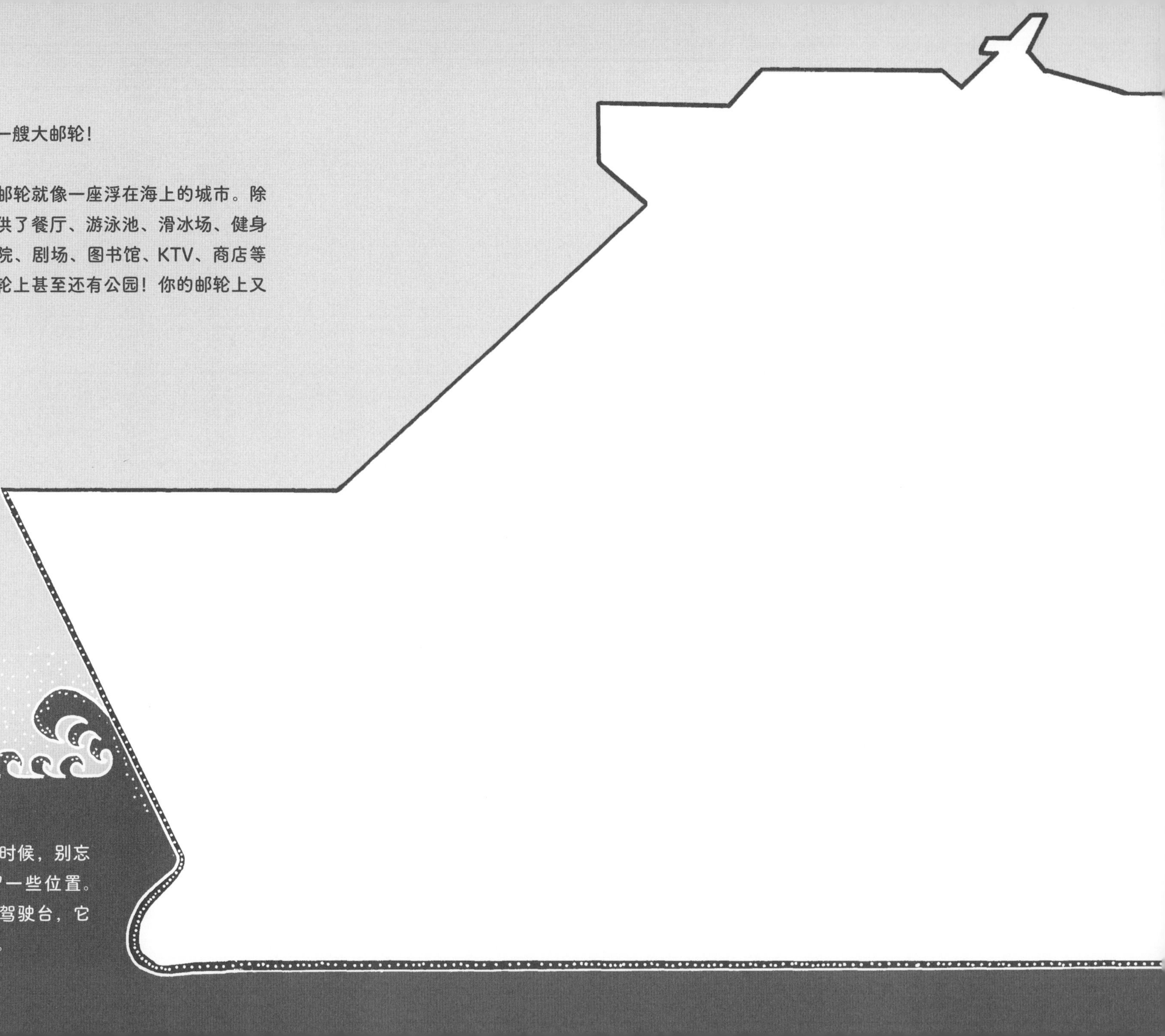

在设计游轮的时候，别忘了给船长、船员留一些位置！当然，千万别忘了驾驶台，它是船舶的控制中心。

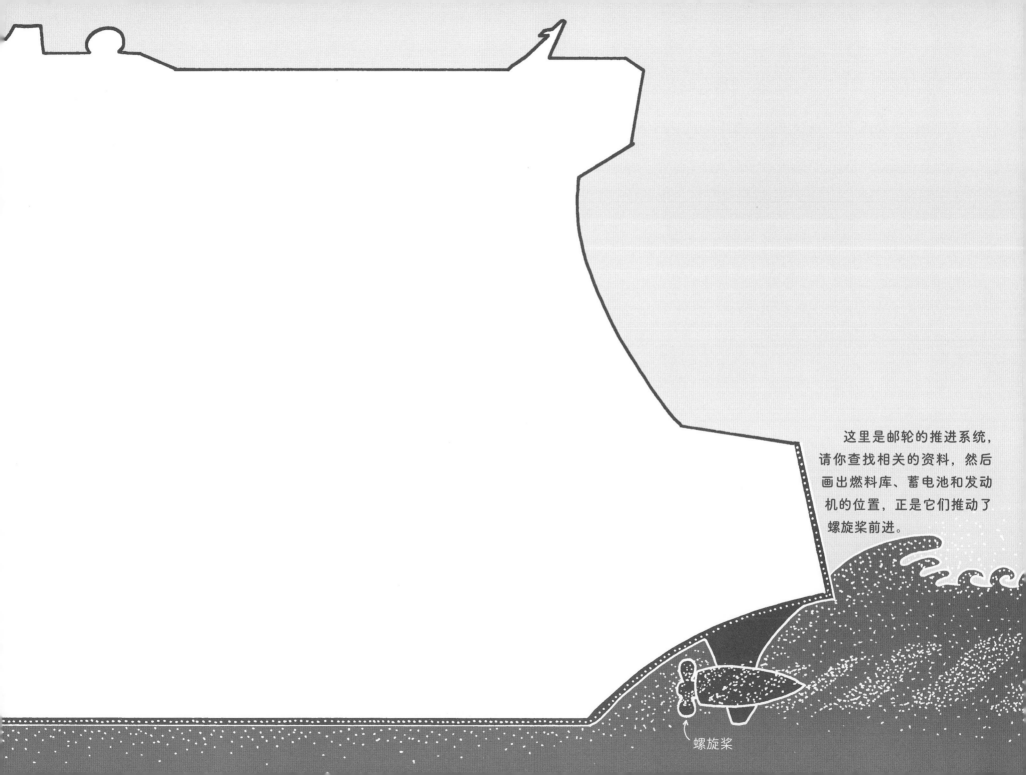

这里是邮轮的推进系统，请你查找相关的资料，然后画出燃料库、蓄电池和发动机的位置，正是它们推动了螺旋桨前进。

螺旋桨

荒岛求生

你乘坐的船就要沉到海里了，幸运的是，你发现不远处有一座岛。于是，你成功游到了岛上，但你发现岛上没有人，而且不知道救援人员还有多久才能抵达。你需要一个临时的庇护所和一些食物，你还需要在荒岛上找到哪些东西来维持生命呢？画在图中的空白处吧。

大海"吐"出了不少东西，
快看看有没有用得上的！

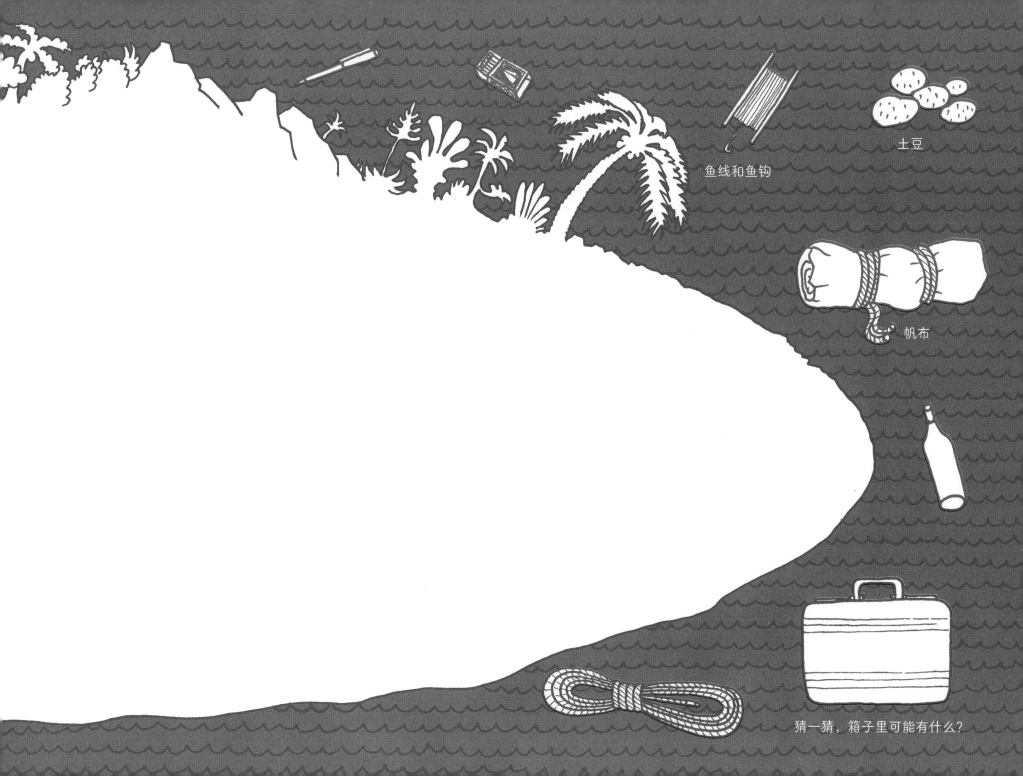

鱼线和鱼钩

土豆

帆布

猜一猜，箱子里可能有什么？

漂流瓶

　　在海滩上，你发现了一张被海浪送到岸边的纸。把它晒干，装进瓶子里，你就做好了一个漂流瓶！附近岛屿的居民说的是一种你听不懂的语言，也看不懂你的文字。为了让他们了解你沉船的遭遇和现在的处境，你只能用画画的方式来告诉他们，你的画应该包含下面这些信息：你是如何遇险的，你是如何脱险的，你此刻最需要的东西，最后，别忘了请他们联系你的父母，并找到人来救你。

你要用什么形式留下自己的签名呢？自画像还是指纹？或者你还有别的主意吗？

造一艘木筏

你需要准备：
- 粗木棍 2 根
- 细木棍 10 根
- 长木杆 1 根
- 几米长的粗绳子 1 根
- 1 张纸

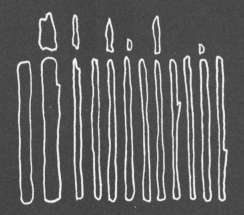

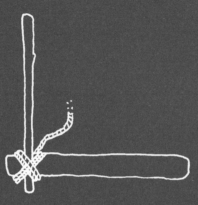

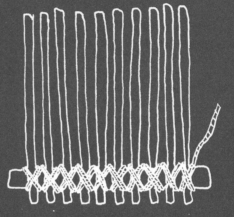

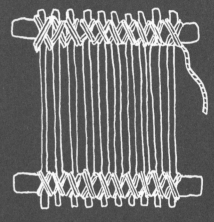

1. 把细木棍都切成一样的长度（要注意安全，可以请家长帮忙哟）；

2. 按照图画中的方式，把细木棍绑在粗木棍上，用绳子交叉绑一个十字形的结；

3. 按照步骤 2 的方法，把其他 9 根细木棍也绑在粗木棍上，尽量让它们靠得近一些；

4. 在细木棍的另一端，按步骤 2 和 3 的方法绑上另一根粗木棍，就做成了木排；

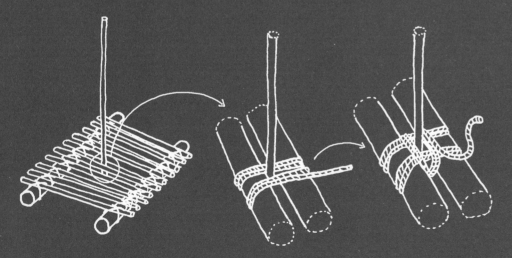

5. 如图所示，在木排中央绑上长木杆，这就是桅杆；

6. 轻轻把纸穿进桅杆，做成船帆。你也可以用布或塑料等材料代替纸，木筏就做好啦；

7. 在木筏的一根细杆上再系一根粗绳，这样它就不会被风浪吹走了。现在，你可以去试航了！

制造一艘气垫船吧!

螺旋桨将船身向前推进,一台巨大的风扇可以用来控制方向。

风扇将空气送至船体下方。

橡胶制成的气垫将空气维持在水和船体之间。

气垫船是一种能在水面、地面和冰面上通行的船,它利用高压空气在船底和水面(或地面、冰面)间形成气垫,因此它可以去传统船只无法到达的地方。

你需要准备:
- 废弃 CD 唱片 1 张
- 吸嘴式瓶盖
- 橡皮泥
- 气球

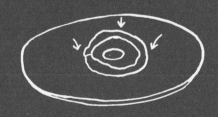

1. 用橡皮泥捏一个小圈,围在 CD 唱片中央的孔周围;

2. 拉开瓶盖,套上气球并将气球吹鼓,再拉回瓶盖;

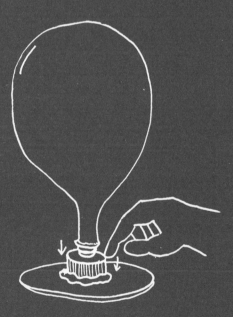

3. 把连着气球的瓶盖塞入 CD 唱片中央的孔中,不要留缝隙,一艘气垫船就做好啦!

4. 把你的气垫船放在空桌子上,拉开瓶塞。

你可以再做一艘气垫船,让它们俩比赛,先把对方挤下桌子的那一艘船就是赢家!

海盗

根据下面的介绍，你觉得这些海盗会长什么样子呢？把画补充完整吧！

郑一嫂，也称郑夫人，是 19 世纪活跃于中国的海盗。她的团队有大小船只数百艘，部众上万。35 岁时，郑一嫂和清朝皇帝签订了和约，遣散了部下。她后来在澳门生活，69 岁去世，这对于海盗而言算是高寿了。

玛丽·里德从小就女扮男装，当过雇工，后来加入了英国海军。在一次航海途中，她被海盗俘虏，就干脆入伙！玛丽在那里认识了同样女扮男装的安妮·波妮，两人成了朋友。

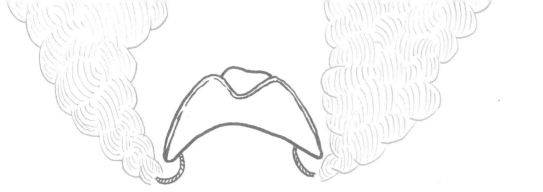

爱德华·蒂奇，以"黑胡子"的绰号广为人知，主要在加勒比群岛海域活动，是世界航海史上最臭名昭著的海盗之一。他对自己的外表极为关注——他把胡子像辫子一样编得细长，将导火线粘在帽檐，身上总是披着弹药袋，用这种方式来吓唬敌人。

巴巴罗萨·海雷丁帕夏是一名为土耳其苏丹效力的海盗。在 500 年前的地中海，他是最让人害怕的海盗。人们一般认为他身材高大，戴着头巾，满嘴大胡子，腰上挎着军刀，身穿一件带扣子的长袍。

海盗的财宝

在这本书里找到这片神秘羊皮纸的另外半张，你就能找到海盗的财宝！

把两半羊皮纸拼在一起，根据坐标，在图中从左向右依次标出对应的位置，然后把它们用线连起来，就能知道海盗把财宝藏在哪里啦！在岛屿间前进的过程中，注意避开水底的暗礁！

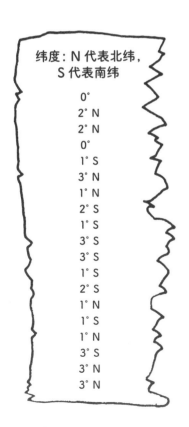

纬度：N 代表北纬，
S 代表南纬

0°
2° N
2° N
0°
1° S
3° N
1° N
2° S
1° S
3° S
3° S
1° S
2° S
1° N
1° S
1° N
3° S
3° N
3° N

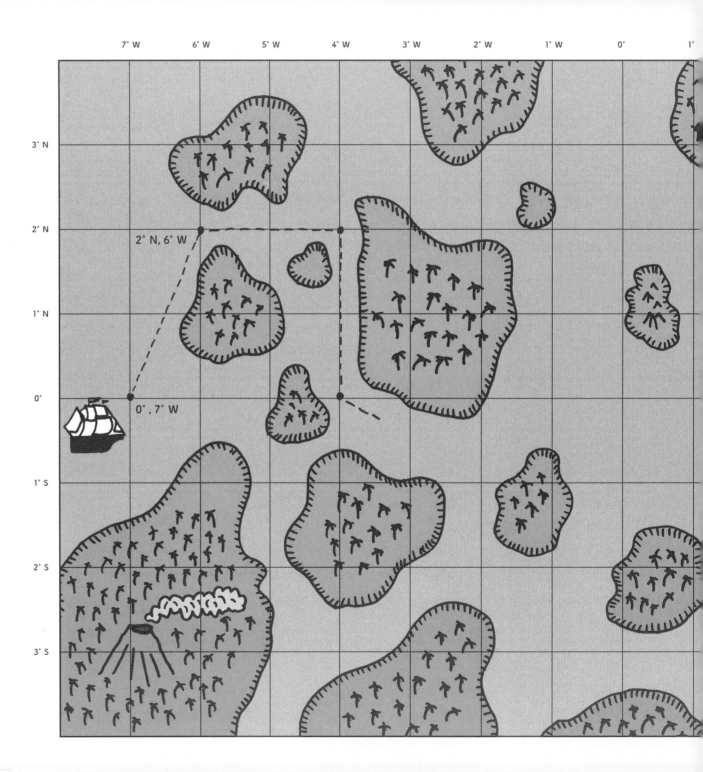

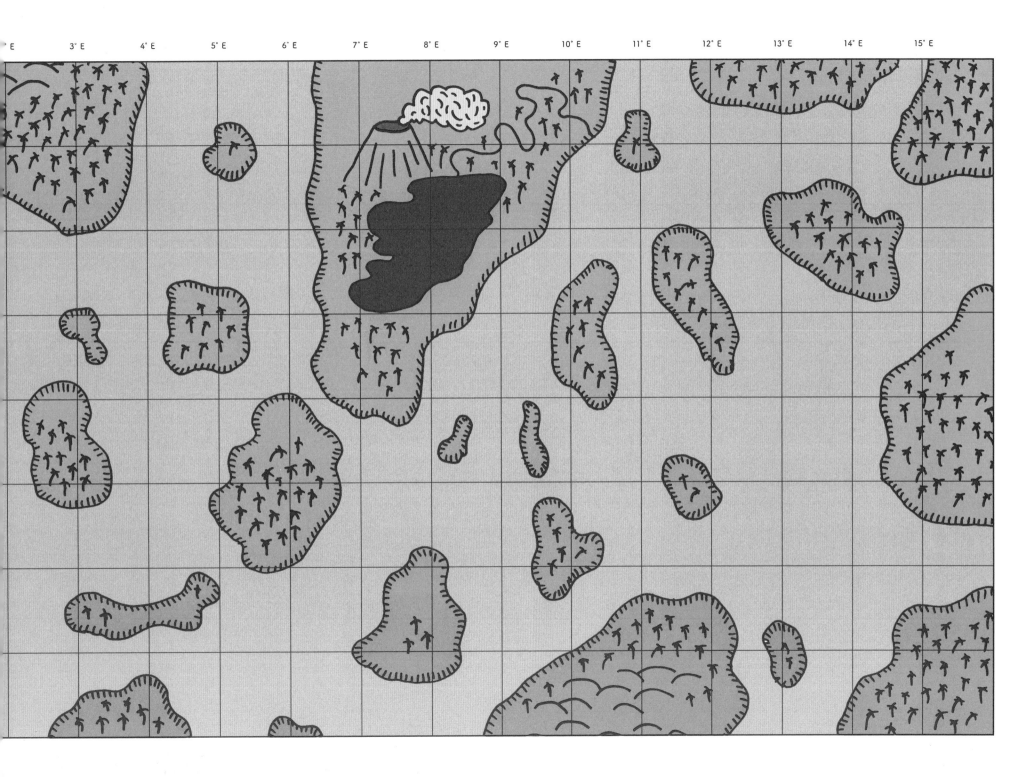

皇家港

牙买加的前首都皇家港是当时加勒比地区最富有的港口，它也被称为"海盗之都"。1692 年 6 月 7 日，一场地震几乎将这座城市完全摧毁，并导致数千人死亡。让我们把海底的淤泥清理干净吧！把海底涂成蓝色，房子就保留白色，创造出一座可以通过玻璃隧道游览的海底博物馆吧。

一个港口应该有船、房子、小货摊、广场和街道。另外，作为一座博物馆，当然还应该有收银台、洗手间、图书室和纪念品商店。

欢迎光临

在清理了海底的淤泥之后，考古学家找到了房屋、船只和人的遗骸、上千个葡萄酒瓶、厨具、餐具以及其他日常用品。此外，他们还发现了满满一箱银币和一块怀表，它的指针恰巧停在了灾难发生的时间：11 点 43 分。

20 世纪末，人们原想在皇家港建一座水下博物馆，供来访者穿越玻璃隧道观光游览。遗憾的是，这个美丽的设想至今仍未实现。

是谁在游泳？

是谁在游泳？是人，动物，还是物品呢？请你在图上补全他们原有的样子。

目前世界上人类海洋独泳的最长距离是 124.4 千米，这一纪录是由克洛艾·麦卡德在 2014 年创造的，她游了 41 小时 21 分钟！在挑战过程中，她多次被水母咬伤，幸运的是，这些水母的毒都不足以致命！

紧急情况！

糟糕！有人溺水了！快找到溺水者，
画一个救生圈给他吧，你只有 60 秒时间！

- 溺水的人无法呼救；
- 他会张开双手，试图重新浮上水面；
- 他会尝试游泳，但只是在原地打转；
- 他会为了呼吸氧气，把脑袋露出水面几秒，然后又沉入
  水中；
- 他眼神呆滞或双眼紧闭；
- 他的头发盖在脸上，因为他没力气拨开；
- 他的腿动不了，身体接近直立，头向后仰；
- 20—60 秒后，他就会慢慢地下沉。

如果你看到有人溺水，你可以这样做：

- 尽快向成年人求救，最好是会游泳的人；
- 不要独自游向他，也不要把手伸给他，落水者正惊慌失措，可能会把你一起拉下水；
- 抛给他一个救生圈、救生背心或充气玩具。

抛光

海滩上散落着许多经海水打磨洗涤过的小东西，其中有卵石、小木棍、贝壳和玻璃碎片。把它们画在下面，然后换一支颜色不同的笔，试着画出它们未经海水打磨的样子。记得在每件物品旁边加上一段描述。

在水流和潮汐的作用下，岸上的小石子、贝壳、树枝和其他的小东西会被海水卷走，它们相互碰撞、摩擦，表面变得越来越平滑，这个过程可以被称为"抛光"。

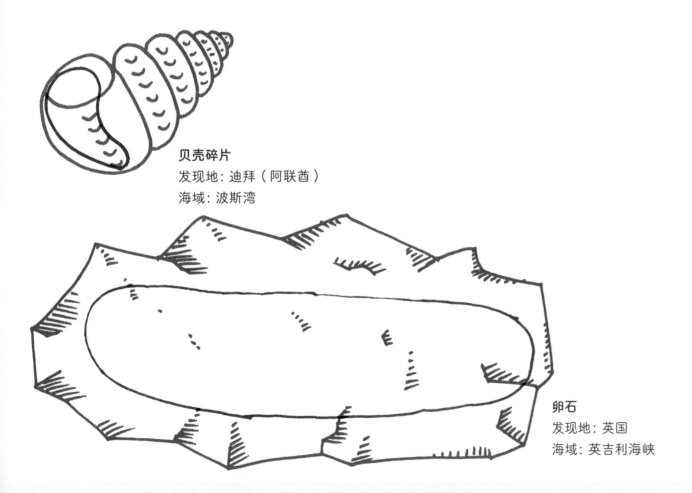

贝壳碎片
发现地：迪拜（阿联酋）
海域：波斯湾

卵石
发现地：英国
海域：英吉利海峡

海底的泥沙就像砂纸一样，把从它上面流过的东西都打磨光滑。

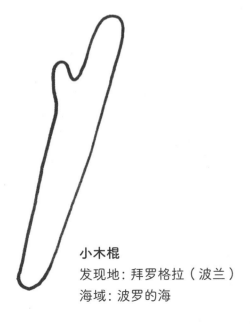

小木棍
发现地：拜罗格拉（波兰）
海域：波罗的海

你想拥有一块卵石吗？找一块大小适中的石头，试着用砂纸给它抛光吧。

在上面的空白处画上石头抛光前后的样子。

如果你觉得给石头抛光太难了，那就换一根小木棍来试试吧。

琥珀

这些琥珀里都包裹着什么宝贝呢？是史前昆虫，还是小型爬行动物？是几百万年前的古植物残留，还是恐龙的羽毛？把它们画在里面吧！

经过漫长的岁月，松柏科植物分泌的树脂会变成化石，这就是琥珀。在波罗的海海滨，我们能找到 4000 万年前的琥珀！而波罗的海却没有那么古老，它是在 1.2 万年前出现的。

如果你在海滩捡到了黄色或棕色的石头，怎么分辨出它们是琥珀，还是碎玻璃或普通的小石子呢？只要把它在一块羊毛织物上摩擦 20 秒，再试着用它去吸附纸屑或头发，就可以找到答案啦！因为玻璃和石子是无法吸引纸屑或头发的！

地球自转

观测地球自转的速度或你在海滩上待的时间。

木棍在这里！

1. 选一个阳光明媚的日子，找一个能待上很久的地方，比如海滩；

2. 早上在沙土里插一根棍子，让它垂直于地面，要插得深一些，确保风吹不动它；

3. 参考红色图标的位置，将这本书放在木棍前；

4. 将书平放并翻到这一页，可以在书上压块石头，以免风吹乱书页，转动本书，直到木棍的影子和本页中的虚线重合；

5. 用虚线记录影子的位置，并在旁边记下时间；

6. 不定时观察影子的位置，在右边的空白处把它画下来，同样要记下时间哟。

* 这一测量方法适用于北半球，尤其是北回归线（北纬 23.5°）以北的地方，包括中国广东以北的省市。

影子移动的速度也就是地球自转的速度，地球自转一圈需要 24 个小时，也就是我们度过"一天"的时间，你观察到了吗？

冲浪

冲浪手都在等待着理想的海浪。

用蘸了水彩颜料的笔在水里轻轻浸一下，然后在右页下方滴上一个大大的点，不同角度倾斜书页，让你的颜料滑动到冲浪手的冲浪板下面。你可以做到吗？再试着画一个隧道形状的海浪吧！

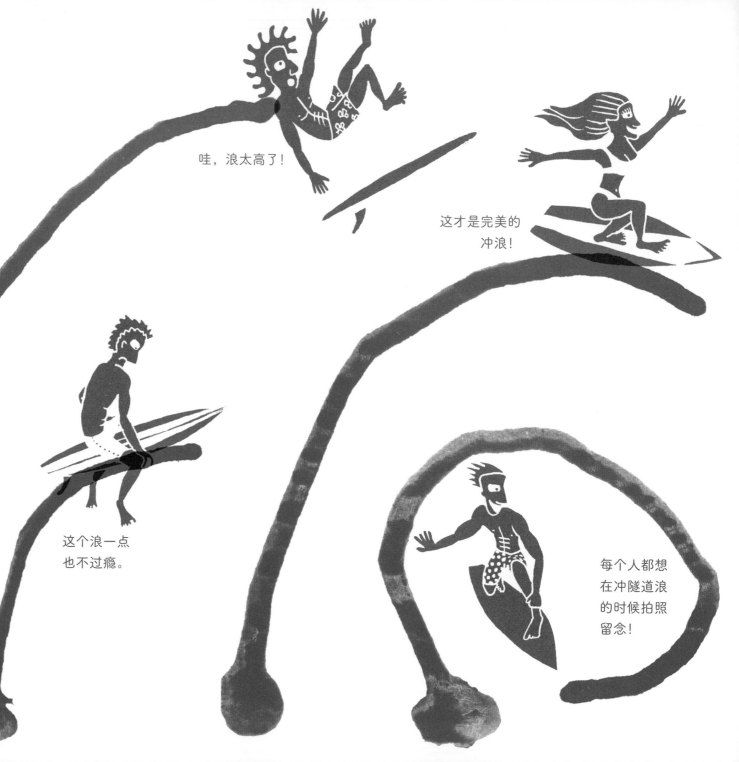

哇，浪太高了！

这才是完美的冲浪！

这个浪一点也不过瘾。

每个人都想在冲隧道浪的时候拍照留念！

帆船冲浪

这就是帆船冲浪,在这些风筝冲浪和水翼冲浪设备的帆上画出五颜六色的图案吧!

水翼冲浪板下方装有水翼,达到一定速度时,它便会把冲浪板托出水面。

风筝冲浪板

这里的帆板冲浪爱好者也想要漂亮的帆！你来帮忙画上吧。

浮起来还是沉下去？

准备一些橡皮泥，做个小实验吧！把你的实验过程都画下来。

1. 用橡皮泥搓一个球，把它放进装满水的碗中。

球沉了下去。

苹果会浮起来还是沉下去？地球上所有物体都会受到一种方向竖直向下的力——重力。物体的质量越大，所受到的重力就越大。

但如果物体和地面之间有一定深度的水，那么物体会受到水的浮力影响而被托在水面。

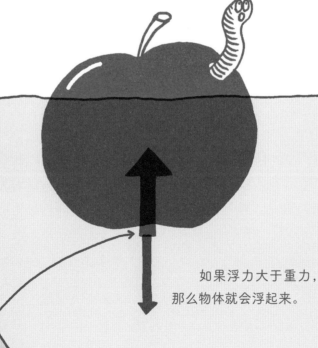

如果浮力大于重力，那么物体就会浮起来。

如果浮力小于重力，那么物体就会沉下去。

2. 把橡皮泥捏成一条小船，轻轻地把它放在
   水面上。

   小船成功地浮在水面上，如果不行，那就
   把船舷捏得更宽一些。

3. 用橡皮泥搓一些更小的球，把它们堆在船上，
   直到船沉没为止。

4. 试着改变小船的形状，记下船沉没前最多能承
   载多少个小球。改变船的形状，并把它们都画
   在下面。试一试，哪种形状的船在不下沉的情
   况下，承载的小球最多？

一个物体在水里是浮上来还是沉下去，不仅取决于它的材料，还取决于它的形状。有的形状可以让物体排开更多水，这样，物体受到的浮力也就更大。

虽然很多船舶是由钢铁制造的，重达上百吨，但因为船舱里有很大的空间，所以船能浮在水上。如果把整个船舱都填满钢铁，让船变成"实心"的，它们就会沉没。

水！水！水！

水的重量与它的含盐量和温度有关。

最重的水是什么？最轻的水又是什么呢？
动动小手做实验，再画出玻璃杯里的东西吧！

你需要准备：
- 鸡蛋 4 枚
- 玻璃杯 4 个
- 颜料
- 冰块
- 盐

观察每个水杯，发生了什么？
你能说出为什么吗？

1. 往第一个杯子里倒半杯水，放入
   一个鸡蛋；

淡水比鸡蛋轻，所以鸡蛋沉到了杯底。

2. 往第二个杯子里倒半杯水，不停加盐搅拌，
   直到加入的盐无法溶解，再放入一个鸡蛋；

盐水比鸡蛋重，所以鸡蛋浮了
上来。

淡水比咸水和鸡蛋都要轻，所以我们可以看到它位于最上方，而鸡蛋和咸水在下面。

冰是水的固体形式，它比淡水轻，所以它浮在淡水上，下面依次是鸡蛋和咸水。

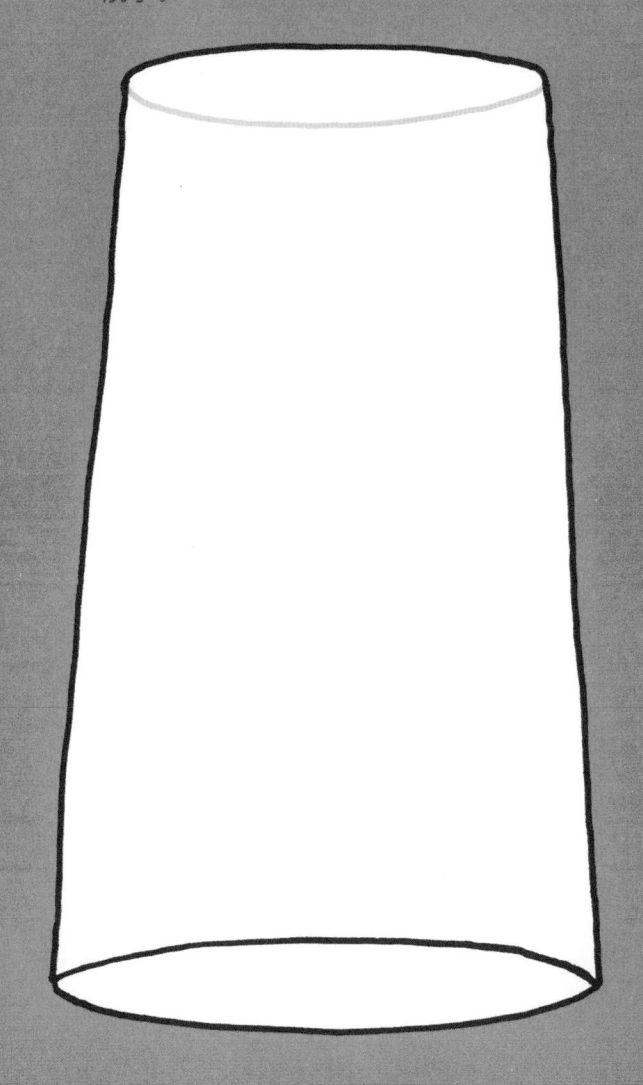

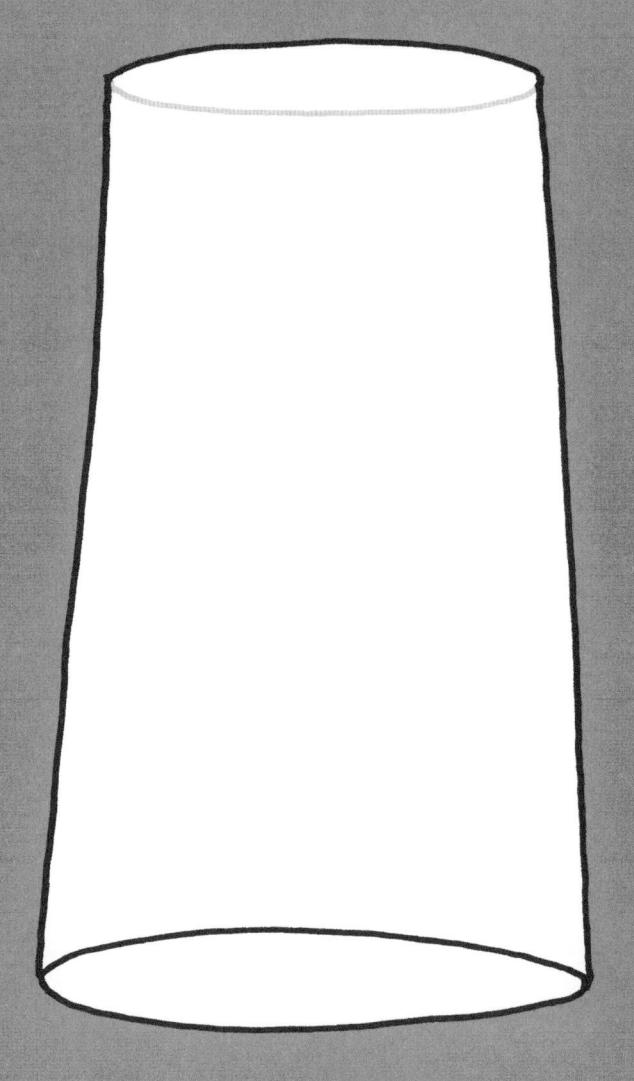

3. 在第三个杯子里重复步骤2，然后慢慢倒入与了少许颜料的淡水。

4. 在第四个杯子里重复步骤3，然后加入一小块冰块。

海水

海水中含有盐分，因此它的味道又咸又涩，是不适合被人类和大多数陆生动物直接饮用的。

咸水不仅无法解渴，喝太多还可能引起脱水。

许多热带国家缺乏饮用水资源，于是，其中较发达的国家建了海水淡化工厂，将海水进行脱盐处理，让它成为可饮用的水。

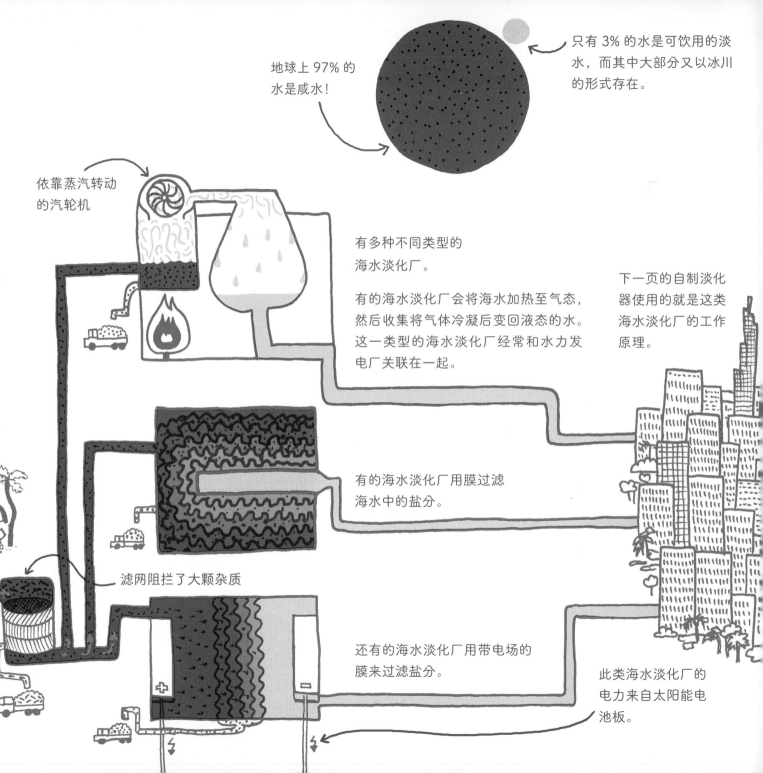

地球上 97% 的水是咸水！

只有 3% 的水是可饮用的淡水，而其中大部分又以冰川的形式存在。

依靠蒸汽转动的汽轮机

有多种不同类型的海水淡化厂。

有的海水淡化厂会将海水加热至气态，然后收集将气体冷凝后变回液态的水。这一类型的海水淡化厂经常和水力发电厂关联在一起。

下一页的自制淡化器使用的就是这类海水淡化厂的工作原理。

有的海水淡化厂用膜过滤海水中的盐分。

从海水中提取咸水

防止动物误入的围栏

滤网阻拦了大颗杂质

还有的海水淡化厂用带电场的膜来过滤盐分。

此类海水淡化厂的电力来自太阳能电池板。

自己动手，
做一个海水淡化器吧！

你需要准备：
- 大碗 1 个
- 小碗或玻璃杯 1 个
- 保鲜膜
- 小石子 2 枚（清洗干净）
- 盐水

1. 在大碗中装半碗盐水，把它放到阳光下。如果是冬天，就把它放到暖气旁边；

2. 把小碗或玻璃杯放到大碗的正中央，再把一枚小石子放入碗底或杯底，注意不要让水流进小碗或杯子；

3. 用保鲜膜把大碗包好，碗边要多包一些，以便确保你的淡化器处于密封状态；

4. 把另一枚石子放在保鲜膜中央，轻轻按压；

5. 耐心等待几个小时，揭开保鲜膜，小碗（杯子）中的水就是你淡化了的水，可以尝一尝，它是什么味道。

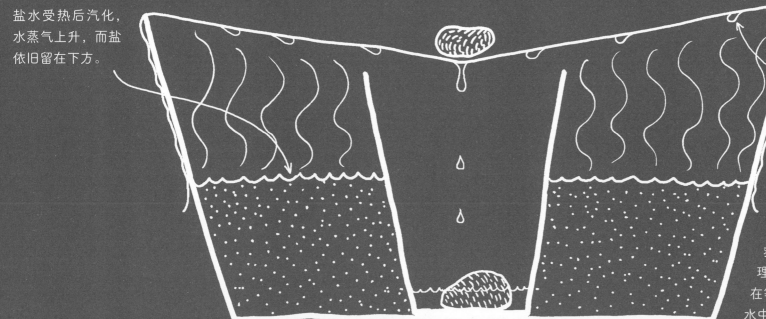

盐水受热后汽化，水蒸气上升，而盐依旧留在下方。

水蒸气在保鲜膜上凝结成水。

救生艇上经常配备应用这一原理的淡化装置。救生艇上的人在等待救援的时候，就可以从海水中获取可饮用的水了。

万物之源

根据右边的描述，想一想水都造福了谁？
把它们按顺序画下来吧！

你喝下的水主要通过尿液排出，经过一段漫长的旅程，净化后的水重新回到河流，河水再汇入大海。蒸发后的海水升入高空成为云朵，再变成雨、雪或冰雹，落入各种水道，最后重新从你家里的水龙头流出。

上百万年来，地球上的水一直遵循着这样的循环。也就是说，即使只是一滴水，它也很可能已经造福了数十亿动植物，甚至包括恐龙！

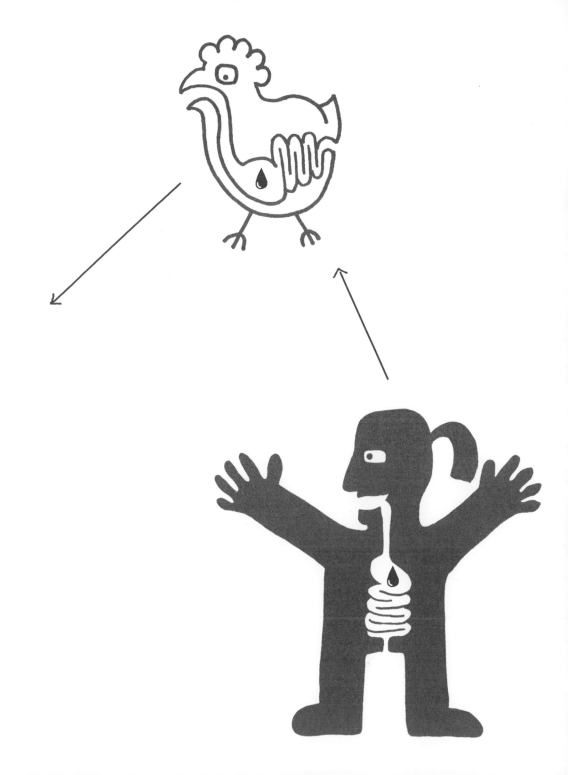

水压

水压的原理是什么?

1. 用图钉或圆规在瓶身上从上到下戳 5 个洞, 让它们间距相同, 并整齐地排成一列;

2. 将一条胶带贴在瓶身, 把这些洞堵上;

3. 给瓶子注满水, 把它放在水槽边上, 有洞的一侧面向水槽;

4. 撕下胶带。

   观察从洞口喷出的水的弧度, 哪个洞口出来的水喷得最远? 哪个洞口出来的水喷得最近? 把水柱画下来吧!

你需要准备:
- 塑料瓶 1 个
- 图钉或圆规 (使用时要注意安全哟!)
- 宽胶带

　　最下面的洞口出来的水喷得最远, 水柱的力度也最强, 而最上面的洞口喷出的水柱是最弱的。这是因为最下面的水柱受到它上方的水施加的压力, 也就是说, 最底下的水受到的压力是最强的。最上面的洞口之上的水少, 所以这个水位受到的压力自然就小了。

越往深处，
水压越强。

0米

空气很轻，但它也是有重量的。在户外，人体会承受 500 千米高的空气柱所施加的压力，相当于约 10 吨的重量。*

人体感觉不到气压的存在，是因为人体中含有大量的水，水可以抵抗外部的气压。身体的肺脏和其他空腔内的压力，是和人体外部的压力一样的。

水下2米

水比空气要重得多，一根 2 米高的水柱就重达 2 吨。也就是说，人处在水下 2 米深的地方时，他将承受 12 吨的压力，其中 2 吨来自水，10 吨来自水上方的空气。

潜水时，如果不给耳朵减压，人会逐渐感到耳朵疼痛，这是由身体内外的压力差造成的。

水下10米

在 10 米深的地方，人体上方 10 米高的水柱重达 10 吨，也就是说在这一深度，人体将承受 20 吨的压力，这相当于一辆大卡车的重量！

在这种情况下，人已经无法通过呼吸管来进行呼吸了。因此只有在特殊潜水装备的帮助下，人才能下潜到这样的深度。

* 在这一页和下一页中，水压和气压是以一个身体表面积约为 1 平方米的儿童进行计算的，成年人受到的压力需要乘以 1.5 或 2。

水压和气压

当你身处水下不同深度时，你所承
受的水压和气压总和大概相当于多重的
东西呢？试着把它们画出来吧！

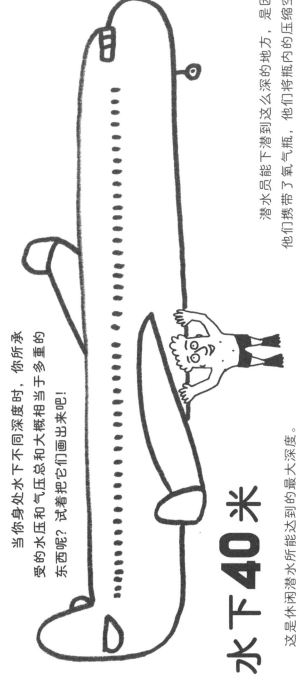

水下 **40** 米

这是休闲潜水所能达到的最大深度。
在这一深度，你的身体大概会受到 41 吨
水压和 10 吨气压，总共 51 吨的压力，
相当于一艘民航飞机。

潜水员能下潜到这么深的地方，是因为
他们携带了氧气瓶，他们将瓶内的压缩空气
吸入肺部之后，就能让肺部内的气压和外界
的压力一样了。

在超过 30 米的深度潜水时，要把压缩
空气换成成氦气、氧气和氮气的混合气体，或
是氦气、氧气、氢气和氖气的混合气体。

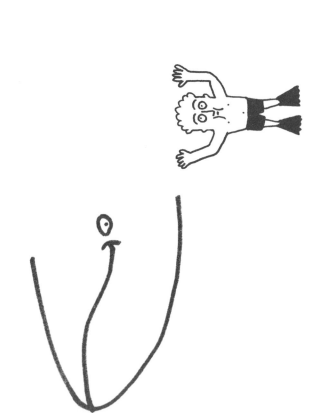

水下 **332** 米

这是目前人类携装备潜水的世界纪录。
在这一深度，人体会受到约 352 吨的压力，
相当于两条蓝鲸的重量，要知道，蓝鲸是
地球上最重的动物！

水下610米

这是目前人类身穿常压潜水服达到的世界潜水纪录。这种刚性潜水服的内部压力和正常环境一样。如果没有它的保护，加在人体的水压将达到约638吨，相当于一座砖砌成的房屋的重量。

水下10984米

这是人类目前所到达过的最大海洋深度。这里，人所承受的压力约11324吨，相当于一艘小型客轮的重量。

要探索深邃的海底，潜水器必须非常坚固，否则它们就会被水压碾得粉碎！

沉船

这是一艘沉船，一起来探索吧！先用铅笔
把沉船内部全部涂黑，然后把橡皮当作你的手
电筒，你游到哪里，就把哪里的黑色擦掉。

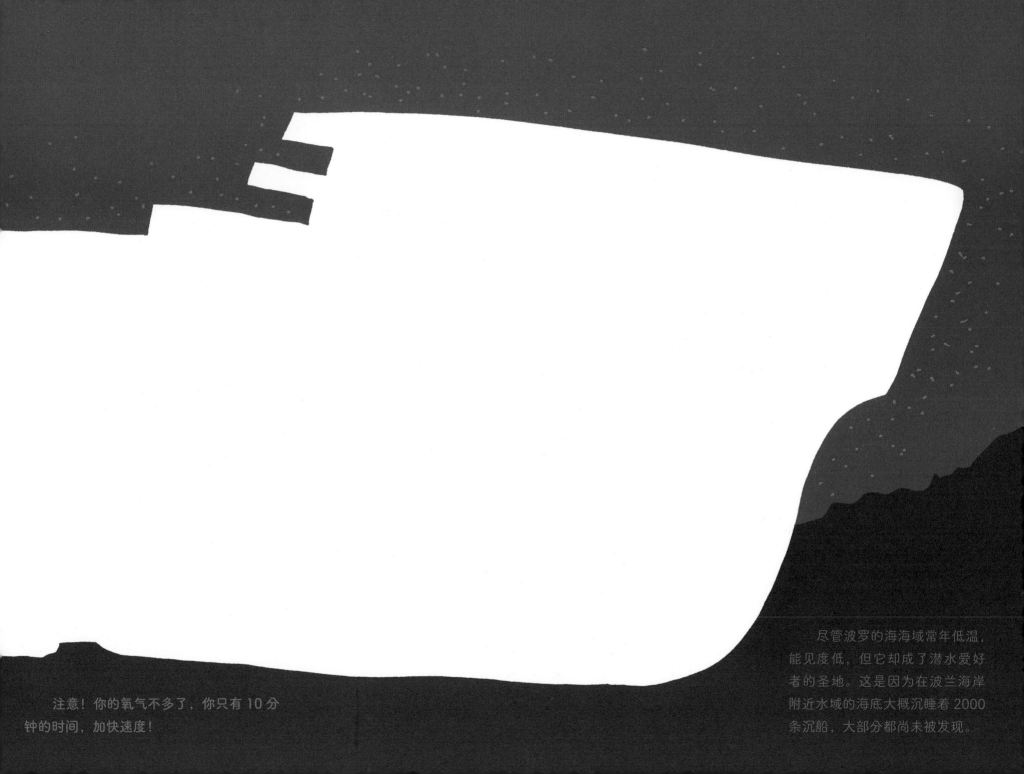

注意！你的氧气不多了，你只有 10 分钟的时间，加快速度！

尽管波罗的海海域常年低温，能见度低，但它却成了潜水爱好者的圣地。这是因为在波兰海岸附近水域的海底大概沉睡着 2000 条沉船，大部分都尚未被发现。

海洋垃圾

海洋在被海洋垃圾污染之前是什么样子的?
找一找左、右页上两幅图的不同之处吧!

据估计，每年有超过 1000 万吨塑料垃圾被投放到海洋中，其中大多数是食品包装。大约每 5 种受到威胁的海洋生物中就有一种是受到塑料制品的危害。

海龟的一生

找几个小伙伴，来玩"海龟的一生"这个游戏吧！每人用橡皮泥或黏土做五个棋子代表海龟，再准备一个骰子就可以啦。

由于受到人类活动的威胁，海龟正面临灭绝的危险，在 1000 枚海龟蛋中，平均只有一只海龟能活到生育的年龄。

玩家 A

玩家将从这里出发。

玩家 B

你从蛋里出来后，被海滩上的餐厅灯光闪瞎了眼，分不清东南西北。所以你并没有向海洋出发，而是错走到了人行道上，被行人不小心踩碎了。

你被一只狐狸吃掉了。

你被一只螃蟹用钳子夹到无法呼吸。

你被一只海鸥叼走了。

你还没从蛋里破壳而出，但你永远也不会有这个机会了！因为你被捡海龟蛋的人拿到市场上卖掉了。

你被一只浣熊吞到了肚子里。

你被困在一个塑料杯里，下一轮才能前进。

你被一捆钓鱼绳缠住了。

恭喜你！你成功抵达了大海！你可以再掷一次骰子。

游戏规则：

1. 每位玩家轮流掷骰子，掷到数字几，该玩家的"海龟"就前进几格，只要玩家还有"海龟"留在棋盘上，他就不能中途放弃；

2. 每位玩家必须先掷出一个"1"才能把"海龟"放到棋盘上；

3. 如果玩家掷了一个"1"，而他已经有"海龟"在棋盘上冒险了，那么他可以选择让新的一只"海龟"出发，或是让棋盘上的那只"海龟"继续前进一格；

4. 如果一只"海龟"踏入了红色的格子，那么它将出局，玩家必须把它移出棋盘；

5. 谁抵达成年阶段（20 岁）的"海龟"数量最多，谁就是胜利者。

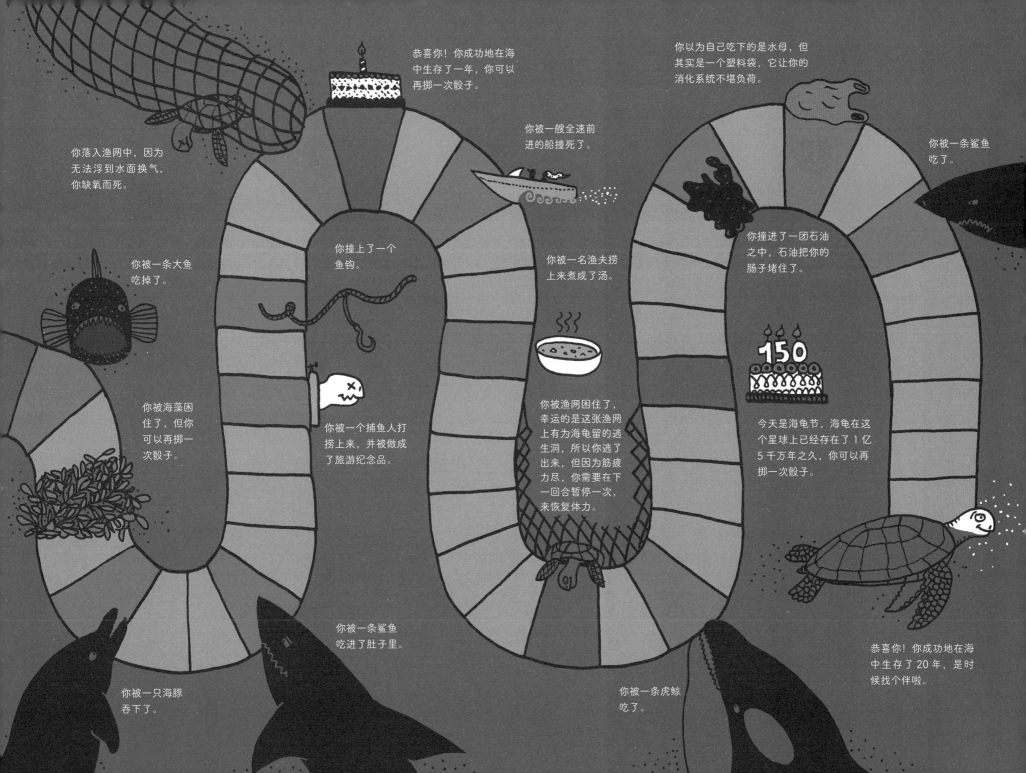

你落入渔网中，因为无法浮到水面换气，你缺氧而死。

恭喜你！你成功地在海中生存了一年，你可以再掷一次骰子。

你以为自己吃下的是水母，但其实是一个塑料袋，它让你的消化系统不堪负荷。

你被一艘全速前进的船撞死了。

你被一条鲨鱼吃了。

你被一条大鱼吃掉了。

你撞上了一个鱼钩。

你被一名渔夫捞上来煮成了汤。

你撞进了一团石油之中，石油把你的肠子堵住了。

你被海藻困住了，但你可以再掷一次骰子。

你被一个捕鱼人打捞上来，并被做成了旅游纪念品。

你被渔网困住了，幸运的是这张渔网上有为海龟留的逃生洞，所以你逃了出来，但因为筋疲力尽，你需要在下一回合暂停一次，来恢复体力。

150

今天是海龟节，海龟在这个星球上已经存在了 1 亿 5 千万年之久，你可以再掷一次骰子。

你被一条鲨鱼吃进了肚子里。

你被一只海豚吞下了。

你被一条虎鲸吃了。

恭喜你！你成功地在海中生存了 20 年，是时候找个伴啦。

海绵王国

拿出你的水彩颜料、海绵和画笔，一起来创造一个海绵王国吧！

海绵是在 6 亿年前就生活在海洋深处的原始动物。海绵的构造非常简单，就像一个包裹。海绵会从海水中过滤出自己生存所需的养料。大部分海绵体内有坚硬的骨针，但也有一些海绵是由柔软的海绵丝构成的。

人类很早就开始利用由海绵丝构成的海绵，它可以用来清洗身体、过滤水或擦拭武器内部。

希腊人非常擅长捕捞海绵。在过去好几个世纪里，他们在潜水时从不借助任何工具或设备，这种做法非常危险，很多人因此死去。

后来，希腊人利用潜水服来提高捕捞的效率。因此，海绵的数量每天都在减少，那些逃过一劫的海绵也遭到海洋污染物的毒害。

今天我们使用的主要是合成海绵。在地中海深处，海绵和它的共生动物的集群正在逐渐恢复繁殖。

对称

许多海洋生物的身体是对称的，也就是说，如果沿着图中的虚线对折，动物身体的左右两部分可以完全重合。一模一样的身体部位以一种固定的方式连在一起。现在，你来把下面的图画补充完整吧！

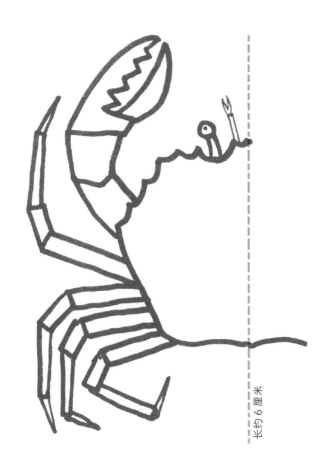

长约 6 厘米

普通滨蟹

长约 10 厘米

大蓝环章鱼

这些海洋生物的身体左右两部分彼此对称，就叫作左右对称，我们人体也是如此。

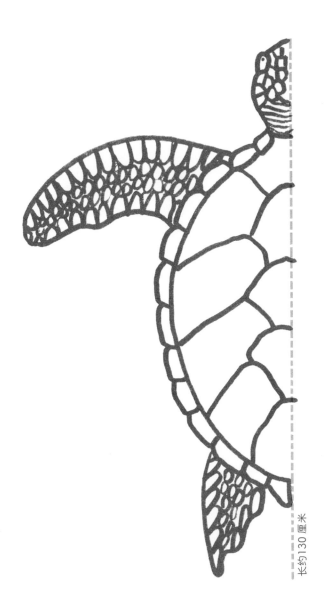

玳瑁

长约130厘米

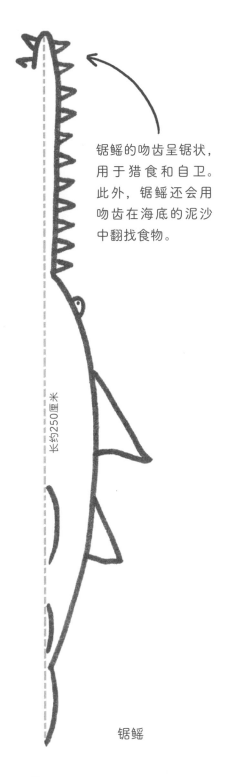

锯鳐的吻齿呈锯状，用于猎食和自卫。此外，锯鳐还会用吻齿在海底的泥沙中翻找食物。

长约250厘米

锯鳐

从上方或下方观察海洋生物时，我们发现，有些是左右对称的，还有一些海洋生物的身体可以围绕着中心点分成几个完全一样的部分，我们称之为辐射对称。你也试试，画出来吧！

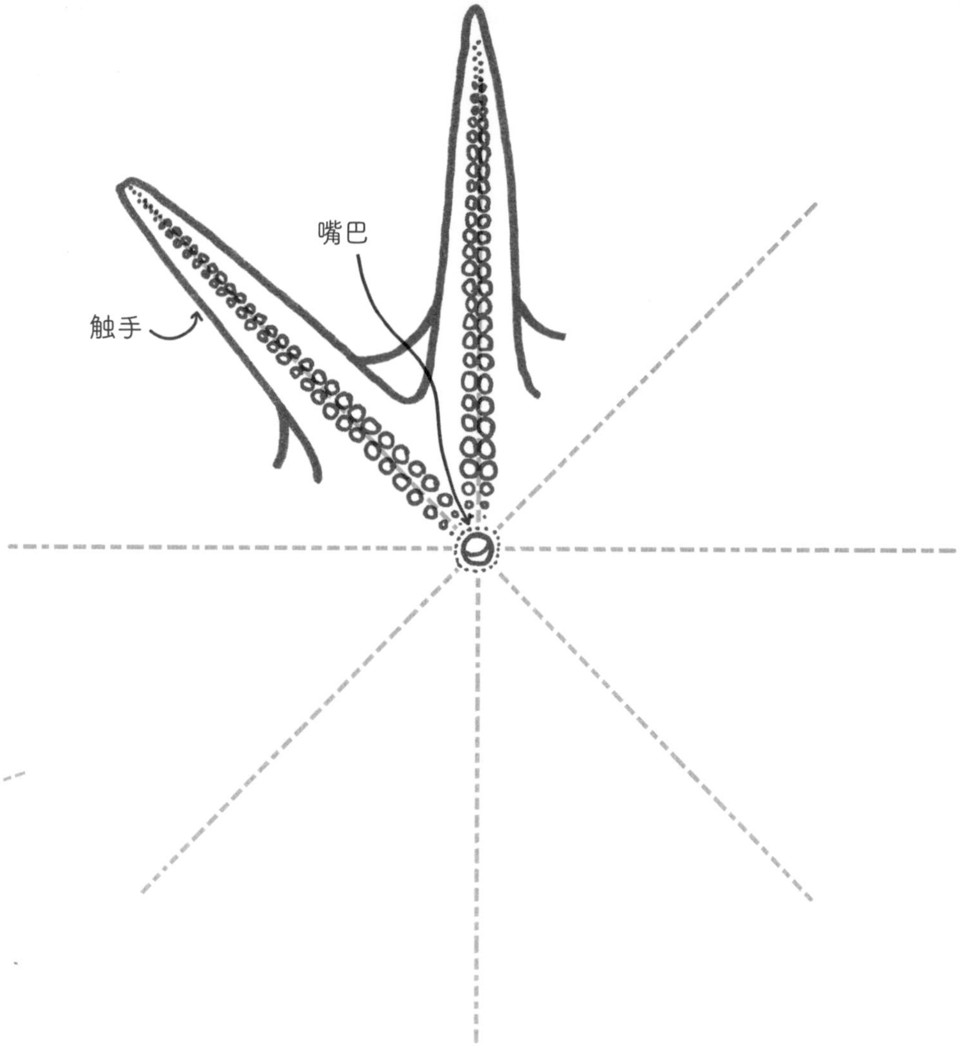

嘴巴

触手

长约8厘米

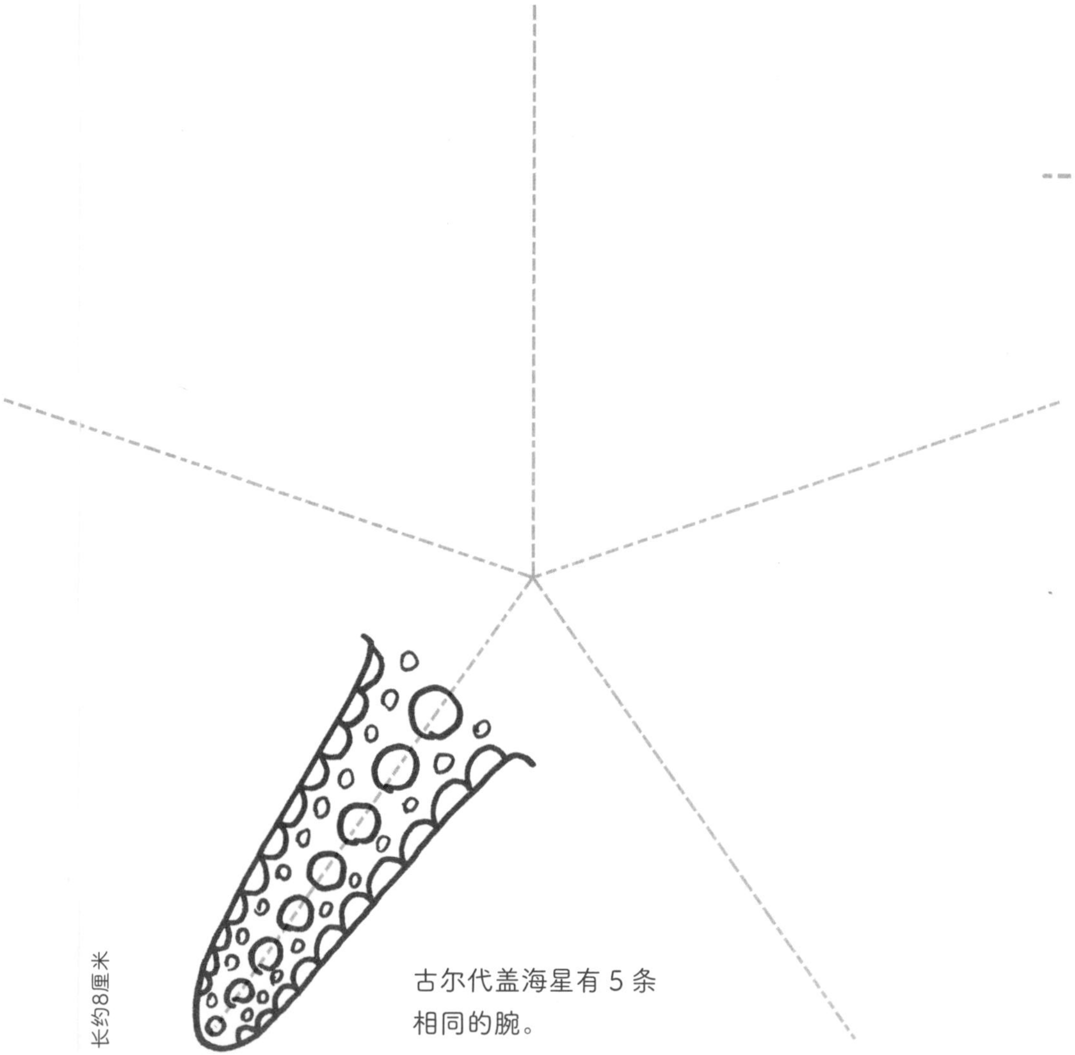

古尔代盖海星有 5 条相同的腕。

从下方观察章鱼，可见它的身体由 8 个相同的部分组成。

长约90厘米

从上方观察红海葵，可见它的躯干上端口周围长着触手，可达 200 多条。

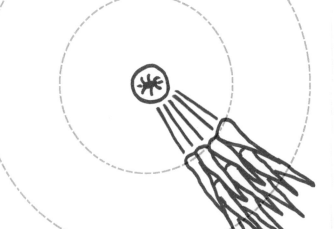

长约7厘米

海盘车海星（又称葵花海星）有 16—24 条相同的触角。

水母

动手做一只水母，带着它一起去捕鱼吧！

你需要准备：

- 大瓶子 1 个
- 小塑料袋 1 个
- 彩色的细绳 1 根
- 回形针
- 铝箔
- 玻璃杯 1 个
- 毡笔 1 支
- 剪刀 1 把

1. 在塑料袋上剪出一个 20×20 厘米的正方形，用毡笔在正方形中央画上图案；

2. 把正方形铺在玻璃杯口，稍微把它朝杯子里压一下，再在正方形上加点水；

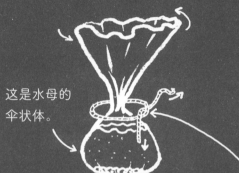

这是水母的伞状体。

3. 把正方形从四边拉起来，聚在一起并扭一圈，不要让水流出来；

4. 用细绳在靠近水面的位置打个结；

5. 将绳结上面的塑料袋剪成几个小条，作为水母的口腕；

6. 将彩色细绳粘在绳结上，作为水母的触手；

7. 将做好的水母装进瓶子，给瓶子装满水，把瓶内空气全部排出；

8. 把铝箔卷在回形针上塞入瓶中当作鱼，拧紧瓶口，上下摇动，让"水母"把"鱼"抓住。

水母是海洋中的肉食动物，体积大的水母的伞盖直径可达 2 米以上，重约 200 千克。它们透明的胶状身体主要由水构成。

夜光游水母

水母的结构看上去很简单，而且它们的生理构造很适合在海洋生活。你可能还不知道，水母早在 5 亿年前就生活在深海里了！

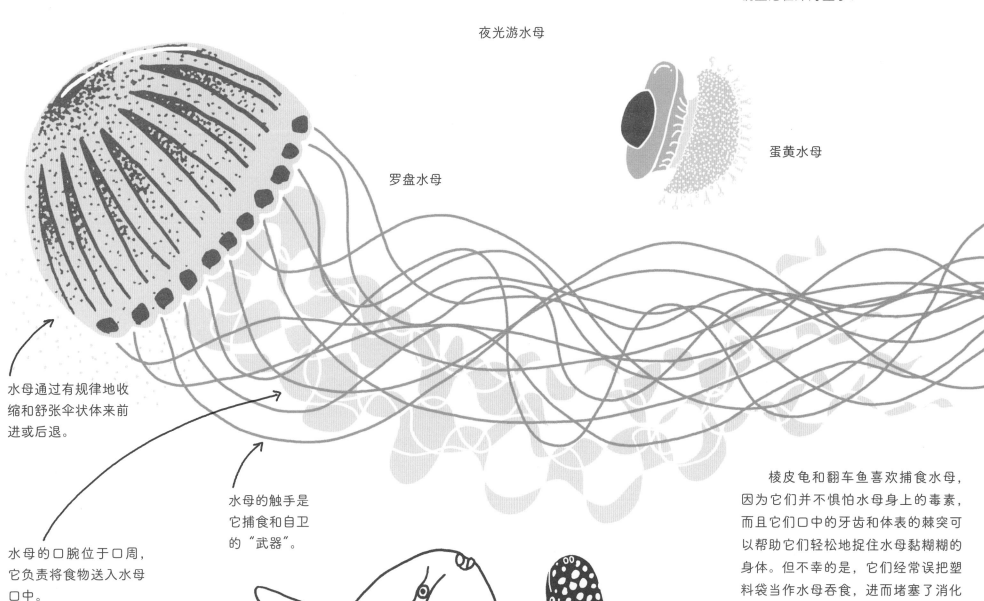

罗盘水母

蛋黄水母

水母通过有规律地收缩和舒张伞状体来前进或后退。

水母的触手是它捕食和自卫的"武器"。

水母的口腕位于口周，它负责将食物送入水母口中。

棱皮龟和翻车鱼喜欢捕食水母，因为它们并不惧怕水母身上的毒素，而且它们口中的牙齿和体表的棘突可以帮助它们轻松地捉住水母黏糊糊的身体。但不幸的是，它们经常误把塑料袋当作水母吞食，进而堵塞了消化系统，导致死亡。

水母的触手

这些水母的触手都不见了，请你用透明胶把彩色的细绳粘在它们身上当作触手吧！

水母触手上长有刺丝囊，这些细胞能分泌毒液，有时可能是剧毒。水母会杀死几乎所有阻碍它前进的东西。有很多水母对人类来说也是危险的。

常见于海岸边的海月水母对人体无害。

即便是一只小型水母的触手也可能长达数米。

澳大利亚箱形水母生活在澳大利亚海岸，它们是世界上毒性最强的水母，可以在几分钟内杀死一个成年人。

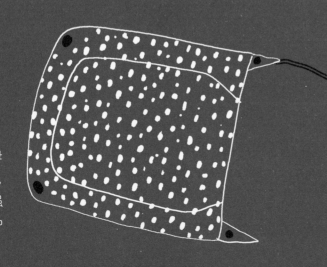

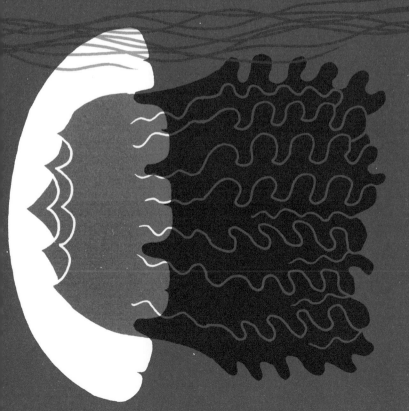
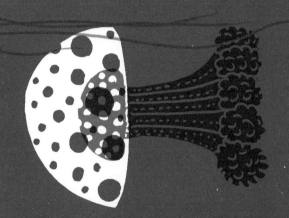

小心，水母的触手要
从书里伸出来了！

海蜗牛

给下面的海蜗牛涂色吧！
尽量用一些鲜艳的颜色。

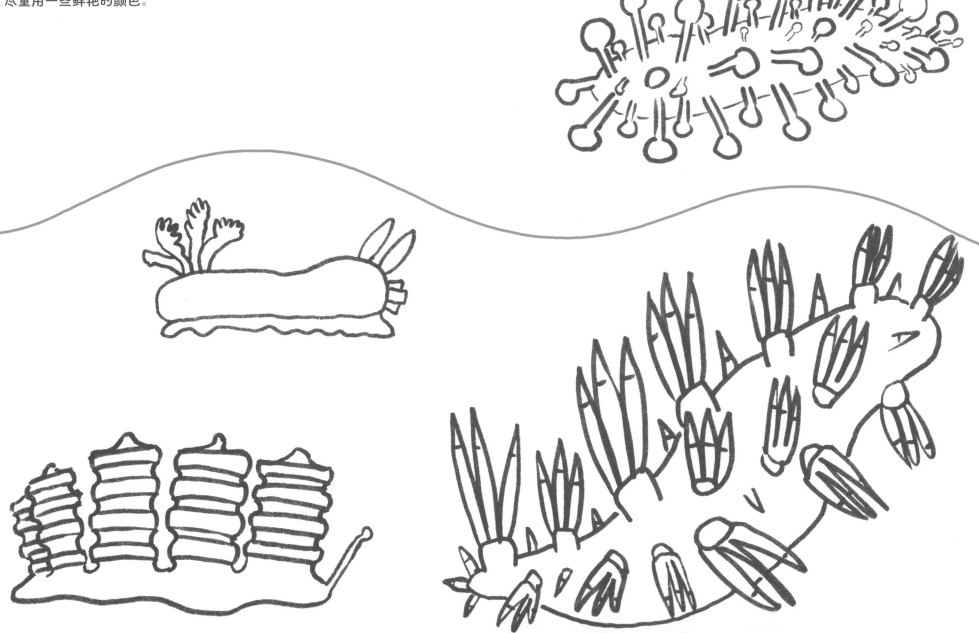

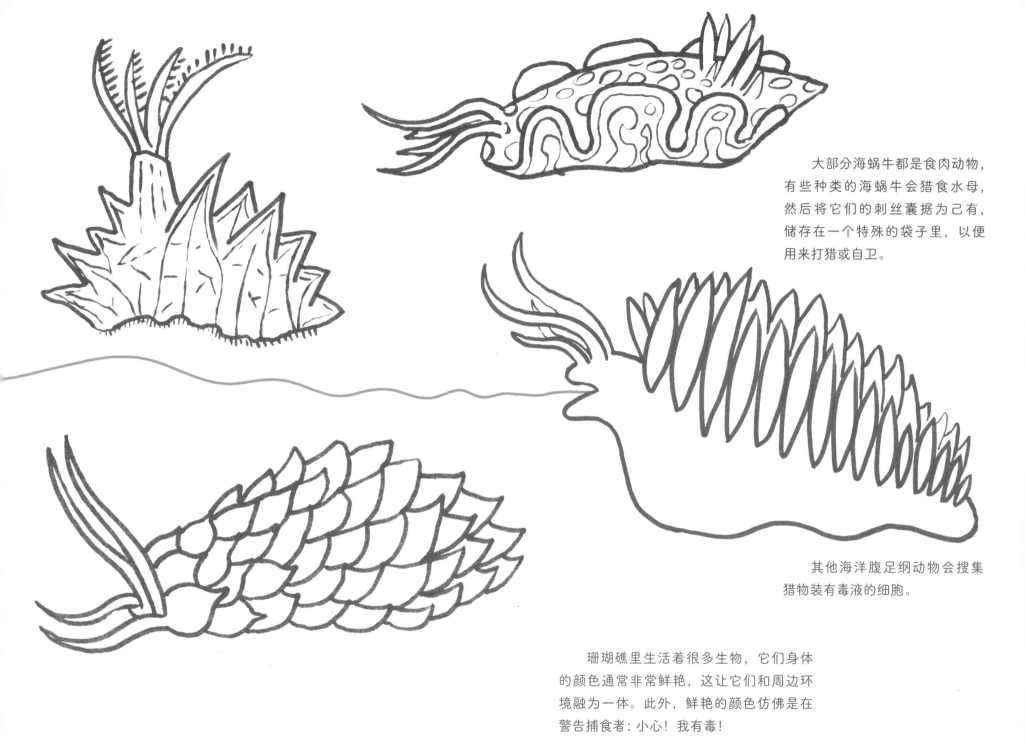

大部分海蜗牛都是食肉动物，
有些种类的海蜗牛会猎食水母，
然后将它们的刺丝囊据为己有，
储存在一个特殊的袋子里，以便
用来打猎或自卫。

其他海洋腹足纲动物会搜集
猎物装有毒液的细胞。

珊瑚礁里生活着很多生物，它们身体
的颜色通常非常鲜艳，这让它们和周边环
境融为一体。此外，鲜艳的颜色仿佛是在
警告捕食者：小心！我有毒！

浮游生物

浮游生物是生活在海洋中的微型生物的总称。用汤匙舀一勺海水，里面可能就有上百万个浮游生物！在显微镜下观察它们，你会觉得它们仿佛来自另一个星球。发挥你的想象力，在空白处画出它们的样子吧，让每一个都与众不同！

浮游动物包括生活在水中的微型动物，鱼卵、鱼苗、海星、海胆和许多其他幼年期的海洋动物也被看作浮游动物（详见下页）。

浮游植物是在水中浮游生活的微型藻类的总称，我们每天呼吸的氧气有一半都是它们供给的。

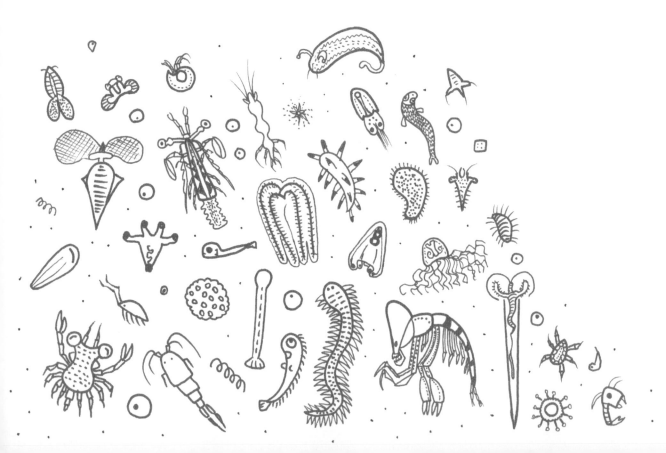

浮游生物不仅是小型海洋动物的口粮，也是一些鲸鱼和鲨鱼眼中的美味。

浮游生物死后就沉入海底，上百万年后，它们柔软的身体会变成石油，而外壳则成为岩石。

长大的样子

海洋中的迷你"居民"长大后会是什么样子呢？把它们画出来吧！

有的海洋动物长大后只是体型变大，有的则会发生变形。先不要在书中或网上搜索它们的照片，放飞你的想象力，大胆画！

翻车鱼能够一次性产下约 3 亿个卵，幼鱼成年后会失去尾鳍和棘突，体长可达 2 米。

剑鱼是世界上游得最快的鱼类之一，成年剑鱼可以长到 4 米长！

螃蟹的钳子在成长过程中会越变越大，
但它们的眼睛一直都是那么丁点儿大。

猜一猜，成年枪乌贼的体型会
变得很大吗？样子会变很多吗？

食物链

浮游植物利用太阳能，把水和二氧化碳转化为营养物质。

和陆地上的情况一样，海洋中也存在食物链。每种生物都会以一些生物为食，同时又会被另一些生物捕食，试着把这条食物链画出来吧！

某些细菌和微型动物组成了浮游动物，它们吃浮游植物，但也会同类相食。

小型鱼类以浮游动物为食。

鳁（wēn）鲸以浮游动物为食。

龙虾以小型鱼类为食。

中型鱼类以龙虾为食。

鳁鲸死后，它会被上百种海洋动物、植物、细菌和浮游生物当作食物。

海鸥也会吃中型鱼类，如果一只海鸥不幸被陆地上的猎食者吃了，那么这个猎食者也成了海洋食物链上的一环。

鲨鱼以金枪鱼为食。

章鱼以中型鱼类为食。

在鲨鱼死后，它也会被上百种海洋动物、植物、细菌和浮游生物当作食物。

金枪鱼以章鱼为食。

鸟中之最

海鸟中有很多鸟中之"最"，根据下面的描述和翼展（一双翅膀展开的长度）标尺，用纸给它们剪双翅膀吧！别忘了在翅膀上画些羽毛哟。

翅膀要正好贴在鸟儿背脊的两端，这样它们才能挥动起来。

翼的宽度

北极燕鸥
翼展可达 85 厘米
迁徙路线最长的鸟

斑尾塍（chéng）鹬（yù）
翼展可达 80 厘米
不间断飞行距离最长的鸟

翼展标尺
（单位：厘米）

每年夏天，北极燕鸥会在亚欧大陆和北美沿海进行繁殖。当气温开始降低，白天开始变短，它就会一路南迁，直至抵达南极的冰川。每年，一只北极燕鸥大约要飞 7 万千米，而它一生的飞行里数大约可达惊人的 100 万千米！

人类观测到的斑尾塍鹬最长的连续飞行记录为 8 天零 5 个小时，在此期间，这只鸟竟然飞过了 1.1 万千米！

| 0 | 10 | 20 | 30 | 40 | 50 | 60 | 70 | 80 | 90 | 100 | 110 | 120 | 130 | 140 | 150 | 160 | 17 |

漂泊信天翁
翼展可达 350 厘米
翼展最长的鸟
对伴侣最忠实的鸟

漂泊信天翁生活在地球最南端的海域。大多数时间里，它们要么在捕鱼，要么停在水面上休息。只有在平均两年一次的繁殖期到来时，它们才会在陆地上短暂停留。

漂泊信天翁最多会用 13 年的时间寻找伴侣，一旦找到了伴侣，它一生都会对其忠贞不贰，毫不夸张地说，有的漂泊信天翁夫妇彼此恩爱了 50 年！

漂泊信天翁生命的最初几年是在海面上度过的，只有在需要建立家庭的时候才会来到内陆，寻找伴侣并进行交配。

漂泊信天翁是一种非常擅长滑翔的鸟，它们能在不拍打翅膀的情况下在空中停留好几个小时。这是因为它们身上长有特殊的腱，能卡住关节，让翅膀保持展开的状态。

仅供比较
原鸽
翼展约 70 厘米

| 80 | 190 | 200 | 210 | 220 | 230 | 240 | 250 | 260 | 270 | 280 | 290 | 300 | 310 | 320 | 330 | 340 | 350 |

北极海鹦

有一个北极海鹦集群生活在这个悬崖上。多画
几只北极海鹦，记得把它们的窝也画出来！

北极海鹦有一双有力的
腿和一个宽大的喙，所以对
于它们来说，在悬崖壁上筑
窝根本不是什么难事。经过
一段长长的通道，就可以看
到鸟窝了。窝里堆满了草，
这就是北极海鹦养育幼鸟的
地方。

一年中的大部分时间
里，北极海鹦都独自在海上
生活。到了春天，成年的北
极海鹦在长出嫩草的悬崖上
聚在一起，一个集群里大约
有上万对北极海鹦夫妻。

北极海鹦的叫声很像
用锯子锯东西的声音。

幼鸟的羽毛呈浅灰色，
喙也很小。

悬崖是高而陡直的山崖,世界上最高的悬崖垂直高度大约有1000多米。

冬天,北极海鹦的喙是浅橙色的;到了春天,它就变成鲜艳的红色或黑色,请你给海鹦的喙涂上颜色吧!

强有力的翅膀和双腿让北极海鹦非常擅长游泳,请你用画笔记录下它们捕鱼的英姿吧!

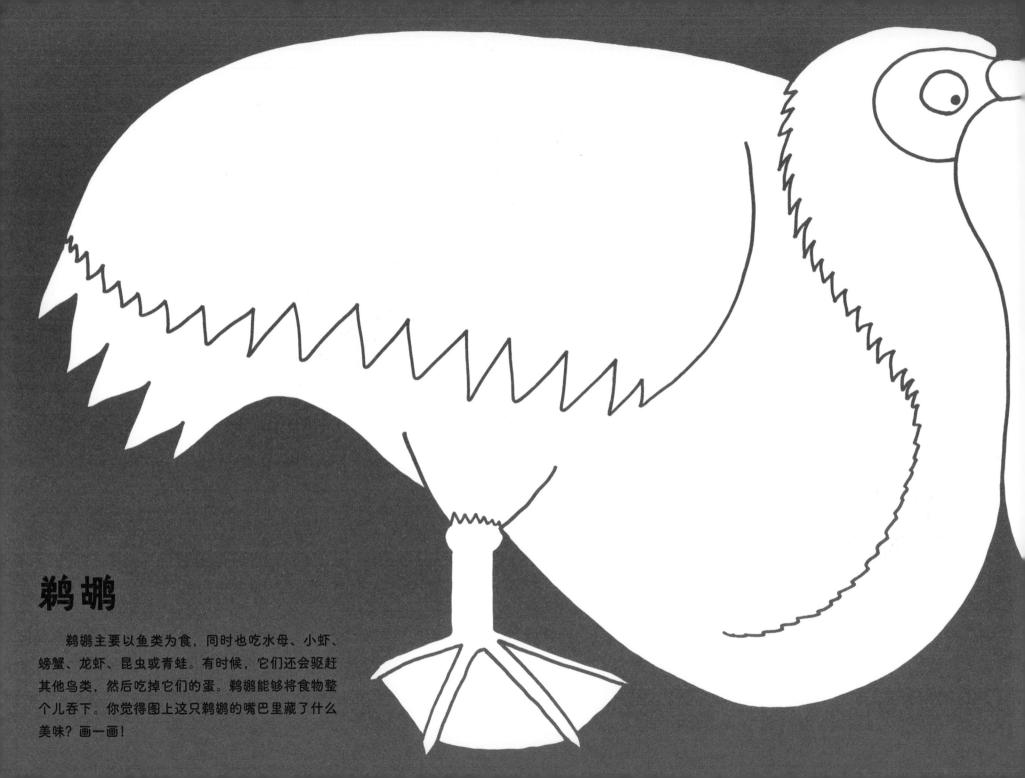

鹈鹕

　　鹈鹕主要以鱼类为食，同时也吃水母、小虾、螃蟹、龙虾、昆虫或青蛙。有时候，它们还会驱赶其他鸟类，然后吃掉它们的蛋。鹈鹕能够将食物整个儿吞下。你觉得图上这只鹈鹕的嘴巴里藏了什么美味？画一画！

澳大利亚鹈鹕拥有世界上最大的喙，约 50 厘米长！

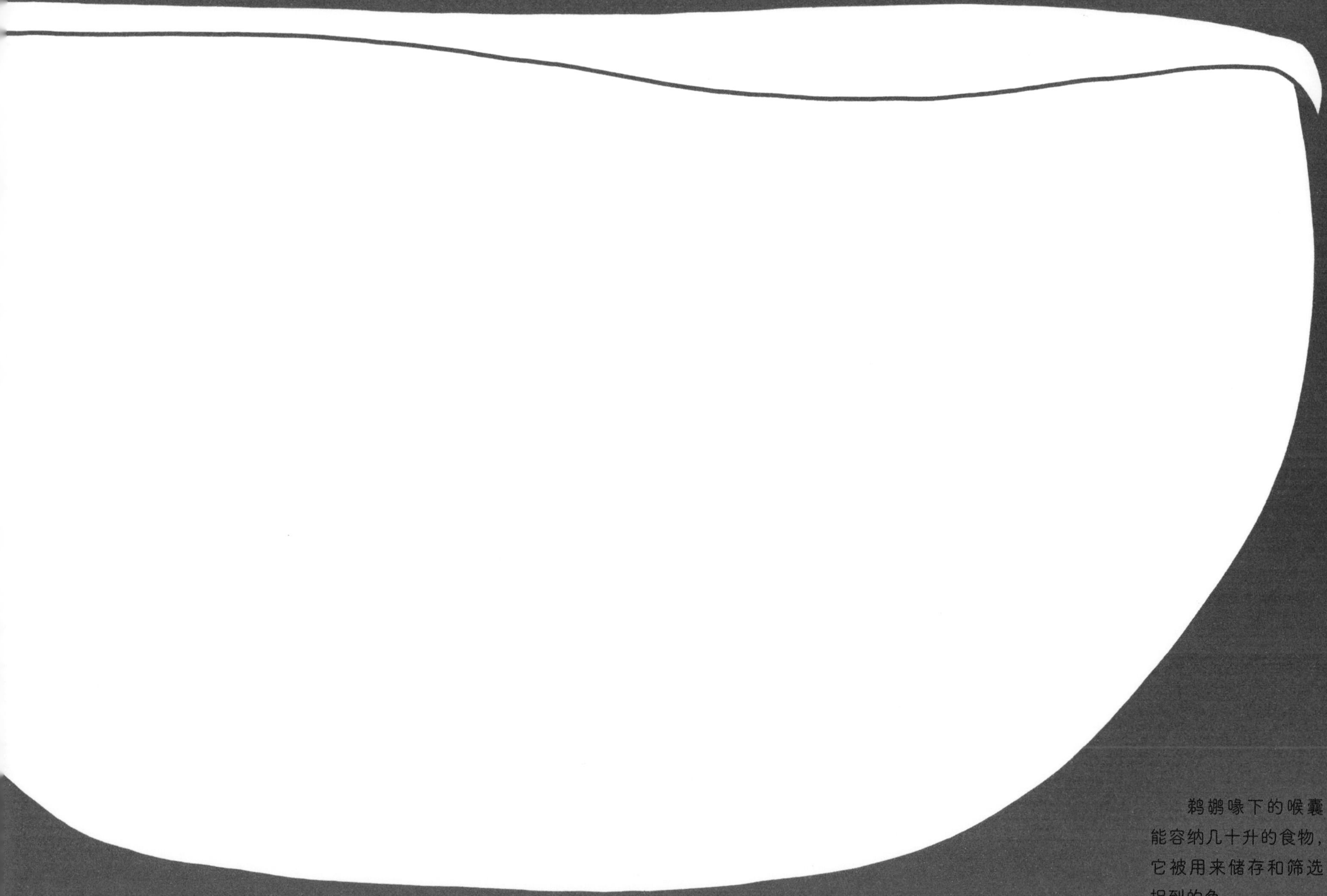

鹈鹕喙下的喉囊
能容纳几十升的食物，
它被用来储存和筛选
捕到的鱼。

看，鱼群！

小心使用钝美工刀或小木片，在半个生土豆上刻出一条鱼的形状，它就是一枚印章啦！把它在水粉或丙烯颜料里蘸一下，你就可以在这一页上印出美丽的鱼群来！

在印的时候应该注意：
1. 所有的鱼都要朝同一个方向游；
2. 每两条鱼之间应该保持一段距离。

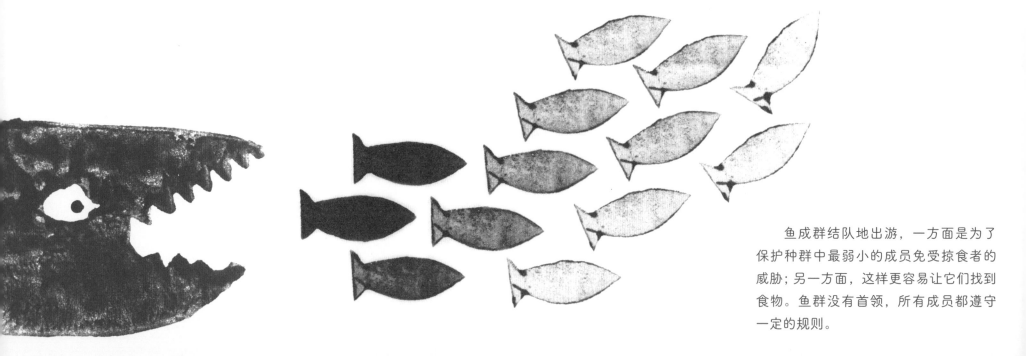

鱼成群结队地出游，一方面是为了保护种群中最弱小的成员免受掠食者的威胁；另一方面，这样更容易让它们找到食物。鱼群没有首领，所有成员都遵守一定的规则。

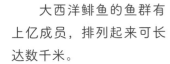

大西洋鲱鱼的鱼群有
上亿成员，排列起来可长
达数千米。

让这些骨架复活！

给船添上甲板、桅杆、外壳和船帆；给鱼添上皮肤、鳞片、鳍和眼睛，让这些骨架复活吧！

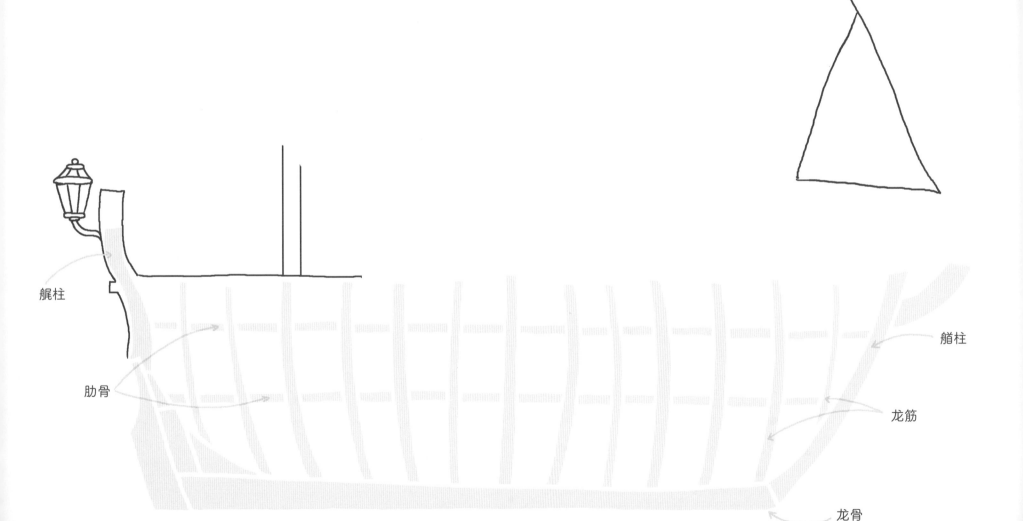

艉柱

肋骨

艏柱

龙筋

龙骨

硬骨鱼纲下属生物的骨架由脊构成，在大部分情况下，它们体表覆盖着鳞片。今天我们所知的鱼类中有 96% 属于这一类。

　　软骨鱼纲，包括鲨鱼、鳐鱼和银鲛，它们的骨架由软骨构成，就类似人类耳朵或鼻中隔的那种骨头。有的软骨鱼的皮肤上没有鳞片，有的软骨鱼体表覆盖着一层盾状鳞，形状像牙齿。

耳石

仔细观察这只海豹的便便，推测一下，它今天吃了什么鱼？

为了解开这个有点"臭味"的谜，我们要先了解一下有关耳石的知识。耳石是鱼类内耳中的一种结石。耳石的外形会根据鱼种类的不同而发生变化。

根据耳石，鱼类学家不仅能分辨不同种类的鱼，还能推断它们的年龄。原来，就像树木有年轮那样，耳石表面也有类似的环纹，每过一年，环纹就会多一圈。

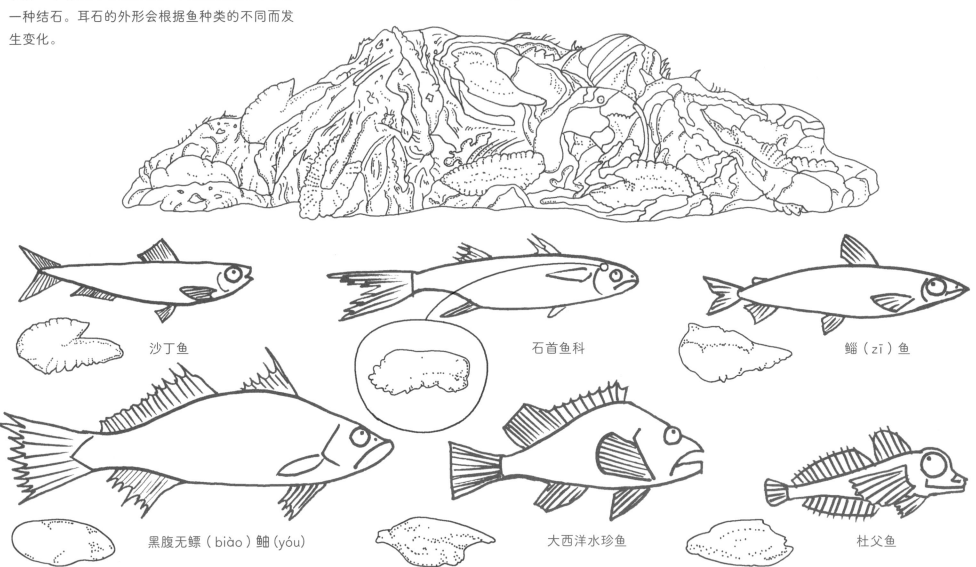

沙丁鱼

石首鱼科

鲻（zī）鱼

黑腹无鳔（biào）鲉（yóu）

大西洋水珍鱼

杜父鱼

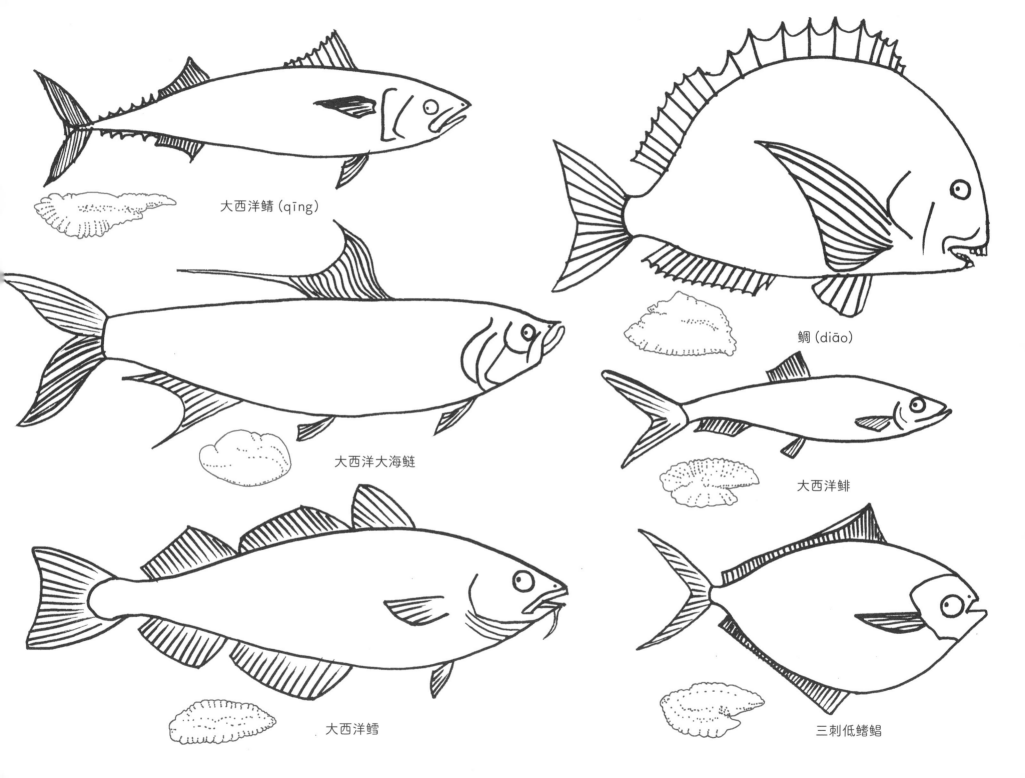

大西洋鲭 (qīng)

鲷〔diāo〕

大西洋大海鲢

大西洋鲱

大西洋鳕

三刺低鳍鲳

反向进化

进化论认为生命起源于海洋。约 5 亿年前，陆地上也出现了生命的痕迹。鲸目动物作为陆地哺乳动物的后代，经历了一次反向进化，又重新回归水中生活了。

进化论认为，动物和植物一直在发生变化，但这些变化非常缓慢，常常要历时数百万年才会进化出新的物种。

巴基斯坦古鲸体长 1—2 米，它生活在距今 5000 万年前，它是一种水陆两栖动物。

游走鲸体长约 3 米，它生活在距今 4000 万年前，它主要在水中生活，但有时也会到陆地上活动。

游走鲸脚趾之间长有蹼，让游泳更轻松。

矛齿鲸的尾部强而有力，而且末端形似蹼，让它能更轻松地游来游去。

矛齿鲸体长约 5 米，它生活在距今 4000 万年前，只在水中生活。

在进化过程中，它的鼻孔移到了头顶，这样它就不用把头伸出水面呼吸了。

在弓头鲸的骨盆后还有后肢退化留下的印迹。

弓头鲸可以长到 20 米长，它和我们生活在一个时代。

鲸须取代了牙齿，帮助过滤浮游生物。

如果人类也回到海洋中生活，又会如何重新进化呢？发挥你的想象，依次画下不同时期的样子，并给它们分别取个名字吧！

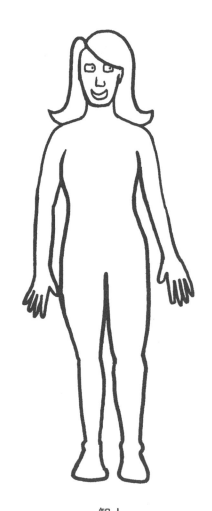

智人
身高约 160 厘米

1000 万年后

3000 万年后

5000 万年后

座头鲸

座头鲸是捕鱼高手，它会通过鼻孔吐出气泡网，包围在鱼群周围，可怜的鱼群就会一条接一条地撞进下方座头鲸张开的大嘴，被一口吞下。

我们也来模仿座头鲸吹泡泡吧。

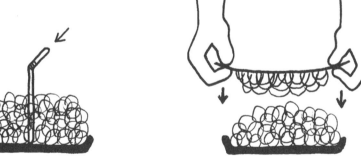

你需要准备：

- 盘子 1 个
- 汤勺 1 个
- 墨水或丙烯颜料
- 洗洁精
- 吸管 1 根
- 纸若干张

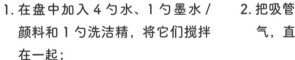

1. 在盘中加入 4 勺水、1 勺墨水 / 颜料和 1 勺洗洁精，将它们搅拌在一起；

2. 把吸管一端插入盘中，从另一端吹气，直至产生大量泡泡；

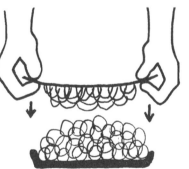

3. 拿出一张纸按在泡泡上，将纸张翻面，把粘在上面的泡泡吹散，换一张纸重复这个操作；

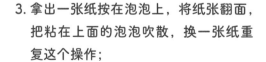

4. 将右页按到泡泡上，在大西洋鲱周围制造一层气泡网。

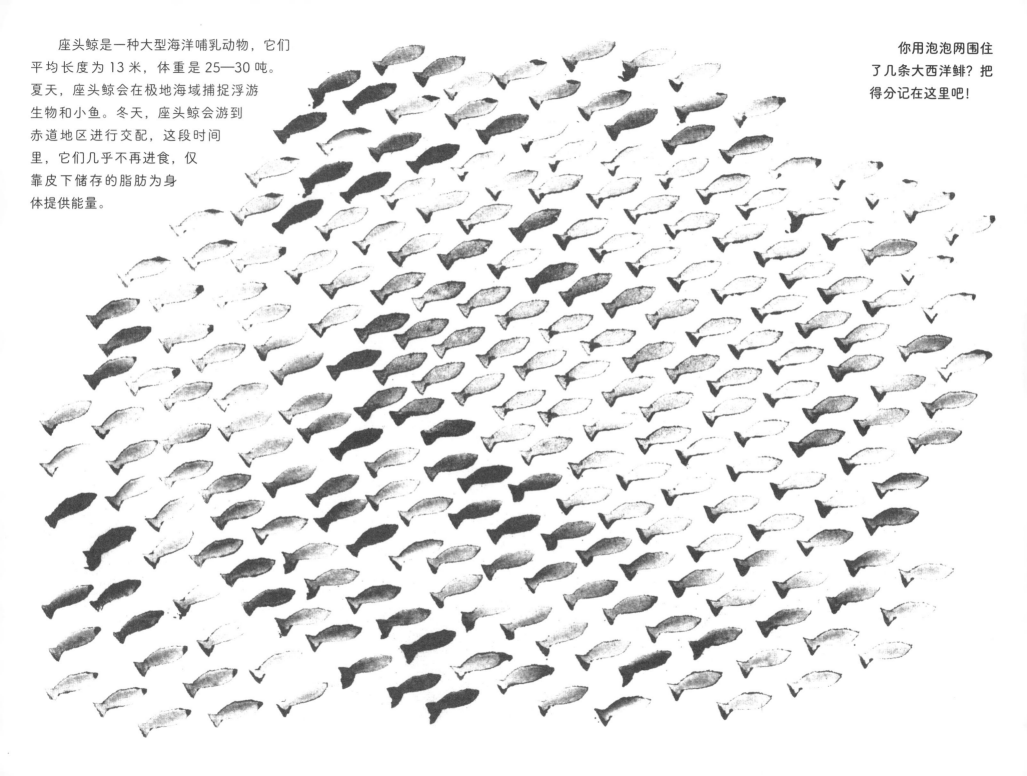

座头鲸是一种大型海洋哺乳动物，它们平均长度为13米，体重是25—30吨。夏天，座头鲸会在极地海域捕捉浮游生物和小鱼。冬天，座头鲸会游到赤道地区进行交配，这段时间里，它们几乎不再进食，仅靠皮下储存的脂肪为身体提供能量。

你用泡泡网围住了几条大西洋鲱？把得分记在这里吧！

海豚和虎鲸

海豚和虎鲸是少数能在镜子里认出自己的动物。在右页空白处画出它们在镜子里的样子吧！

科学家为了知道动物是否能认出自己的倒影，就对它们进行了镜子测试：科学家在动物额头上画一个记号，然后在它们面前放一面镜子，如果动物为了更好地观察身上的记号而挪动身体，就说明它知道镜子里的是自己，而不是其他动物。

结果表明，只有以下几种动物通过了镜子测试：黑猩猩、猩猩、倭黑猩猩、喜鹊、海豚和虎鲸。据说，有一头印度象也做到了。而人类只有在 18 个月大之后才能在镜子中认出自己。

虎鲸和海豚都很聪明，学东西也非常快，但这反而给它们带来了灾难——人类会把它们捉来加以包装，再训练它们去表演。失去自由的海豚和虎鲸长期郁郁寡欢，就很容易生病，寿命自然比不过野生的同类了。

鲸鱼之歌

水听器是在水下环境中使用的麦克风，人们用它记录下了6种鲸鱼的歌声。下面是其中一只鲸鱼发出的声波，把点连在一起，再画出歌手们吧！

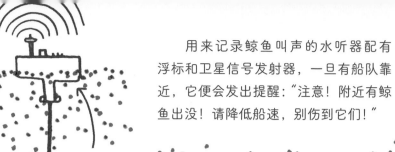

用来记录鲸鱼叫声的水听器配有浮标和卫星信号发射器，一旦有船队靠近，它便会发出提醒："注意！附近有鲸鱼出没！请降低船速，别伤到它们！"

装有卫星信号发射器的浮标

声波

水听器

我们通常把大部分鲸目动物统称为鲸鱼，它们通过声波进行交流。部分鲸目动物以鲸须代替牙齿，能够"唱"出一支完整的歌曲，这种歌曲的含义和作用至今仍是一个谜。

在 20 世纪，有将近 300 万条座头鲸被杀害。如今，捕捞座头鲸几乎已被全面禁止，但偶尔还是会有座头鲸死于人类之手。

人类在海洋中的活动惊扰了鲸鱼——船只、钻井平台和声呐发出的噪音让它们无法清楚地听到彼此发出的信号，也不能静心辨别方向。

鲸落

叫上几个小伙伴，一起来分解鲸鱼吧！

鲸鱼的寿命可长达 100 岁，特殊种类的鲸鱼甚至可以活到 200 岁！鲸鱼死后会沉入海底，成为一座"深海食堂"。鱼类、章鱼、螃蟹、虾、软体动物、海参、环节动物和部分细菌都会来饱食几顿美餐。

这场宴会能持续好几十年！在此期间，"宾客们"不仅一起享用鲸鱼的身体，也会自相残杀。

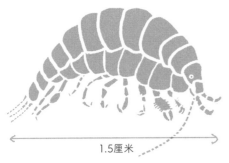

1.5厘米

鲸目动物主要以小型甲壳动物为食，但一旦鲸鱼死去，就会发生角色调换——鲸鱼的尸体会被深海中的甲壳动物蚕食。

一些鲸鱼"食堂"的常客

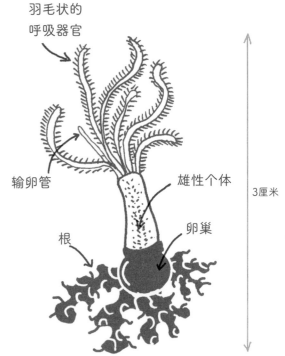

羽毛状的呼吸器官

输卵管

根

雄性个体

卵巢

3厘米

食骨蠕虫是蚯蚓在海洋中的表亲，它一旦在海底遇上了鲸鱼的尸骨，就会在上面扎根，并由身上共生的细菌从鲸骨中分解出营养物质来供养自己。

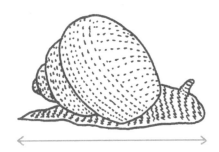

7厘米

一种非常喜欢吃鲸鱼骨头的深海螺。

9厘米

雪蟹的心头好不仅有鲸鱼的骨头，还有它的同类。

每只雌性个体中会寄生着数十只停留在幼虫期的雄性个体。这些雄性的唯一任务就是使雌性子宫排出的卵子受精。

游戏规则：

1. 下面是一个死去的鲸鱼身体，玩家通过轮流在网格交点上画"×"代表细菌，来建立自己的菌落，每名玩家要使用不同颜色的笔；

2. 每名玩家都要尽可能多地用自己的细菌去围困对手的细菌；

3. 当一名玩家用自己的细菌成功围困住另一位玩家的细菌时，他就可以将自己的细菌用线连起来，这样一个菌落就形成了。菌落的边缘既可以和鲸鱼的边缘重合，也可以跟另一个菌落的边缘重合。每名玩家都要记录下自己围困的敌方细菌数量；

4. 当某位玩家围困住一个菌落时，他就能将自己被该菌落包围的细菌解救出来，并在对手的得分板上扣去相应的分数，再将被围困菌落的敌方细菌数量加到自己的分数上去；

5. 当鲸鱼身体上再也没有空余的区域时，游戏结束。围困敌方细菌数量更多的玩家获胜。

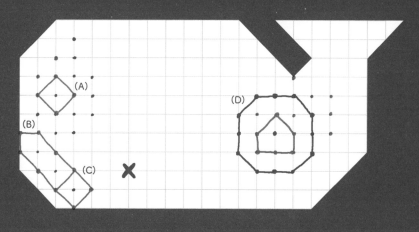

如图所示，红色方围住了 4 个细菌，
蓝色方围住了 8 个细菌。

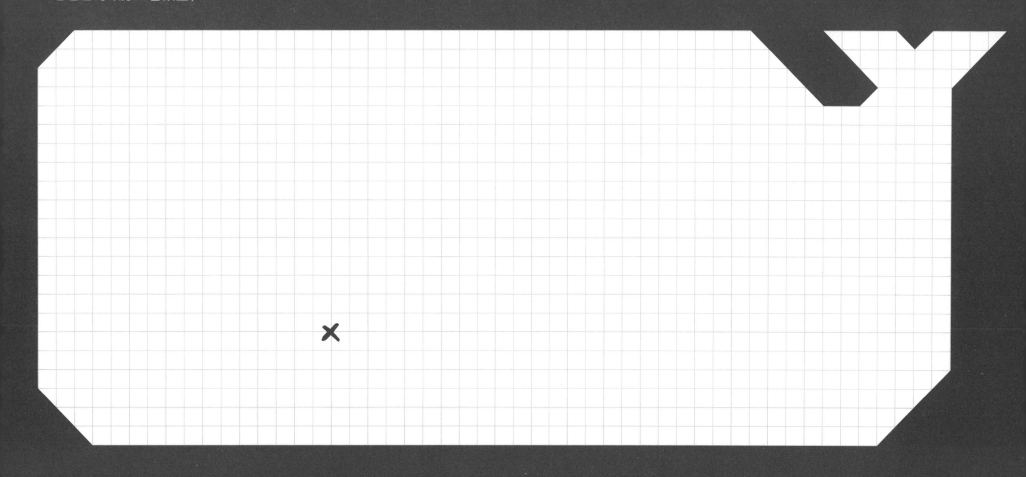

你可以在这两页上再玩两次。

噬人鲨

这条噬人鲨需要换一口新牙了，
你能帮帮它吗？

找几张白纸，按照下图的方法剪下一些"牙齿"。

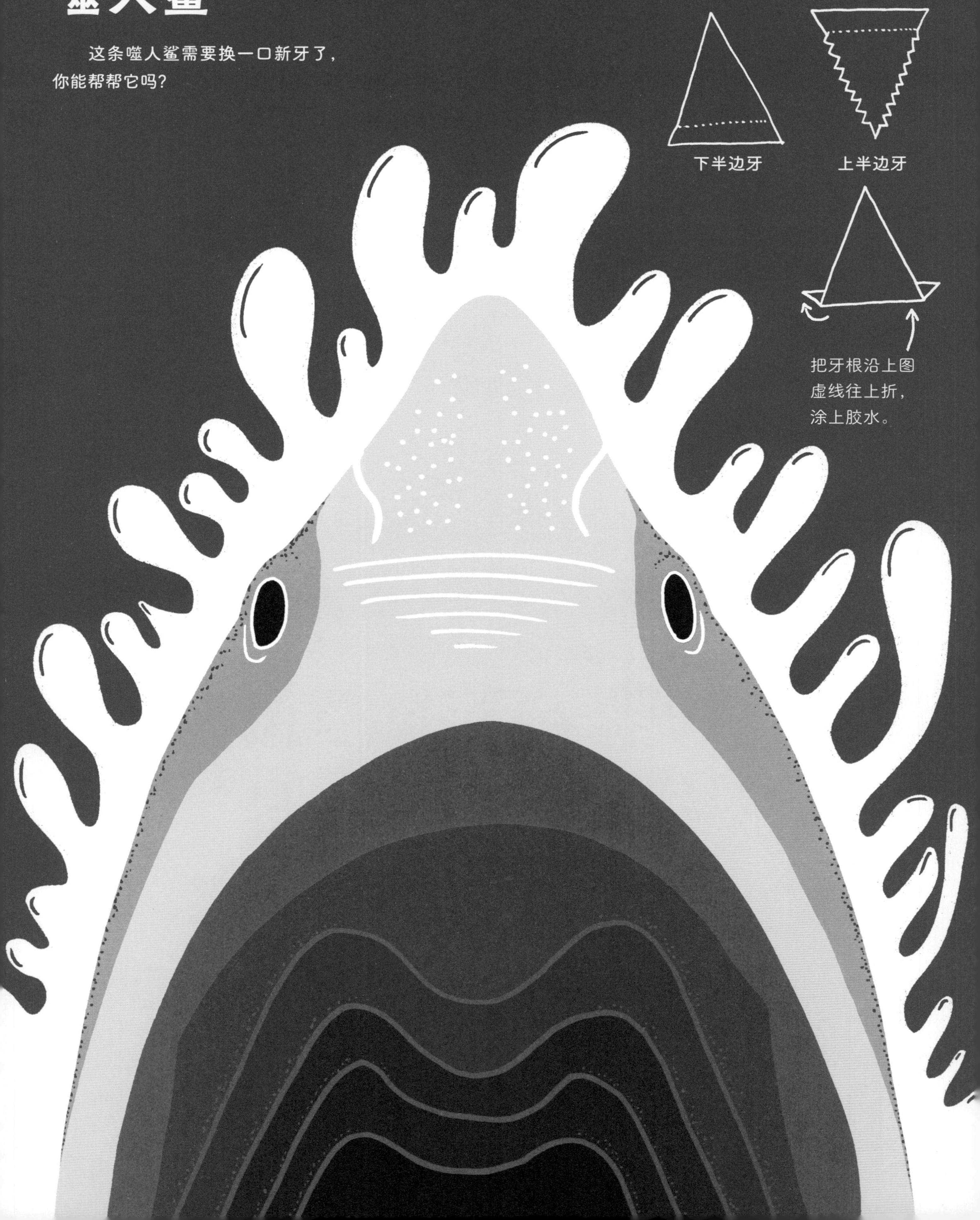

上半边牙

下半边牙

把牙根沿上图
虚线往上折，
涂上胶水。

噬人鲨（又名大白鲨）是世界上最大的掠食性鱼类之一，雌性噬人鲨一般重约 1 吨，体长可达 5 米。雄性噬人鲨的体型稍微小一些。

幼年噬人鲨主要以鱼类为食，成年噬人鲨则会猎食哺乳动物，如海豹、海狮甚至小型鲸鱼。通常，它们会快速接近猎物，并从下方展开攻击。尽管噬人鲨这个名字听起来很吓人，但事实上噬人鲨很少攻击人类。

噬人鲨有好几排牙齿，而且新牙齿每时每刻都在生长。位于口腔深处的牙齿会逐渐移到前排，替代前排掉落的旧牙齿。一条噬人鲨一生中会换上万颗牙齿！

美人鱼的钱包

部分种类的鲨鱼、鳐鱼和银鲛产下的卵由一层厚实的卵鞘保护着，人们通常形象地将它称为"美人鱼的钱包"。请你把点纹斑竹鲨和眶嵴（jí）虎鲨卵鞘里的小宝宝画出来吧！

成年点纹斑竹鲨
（体长：100 厘米左右）

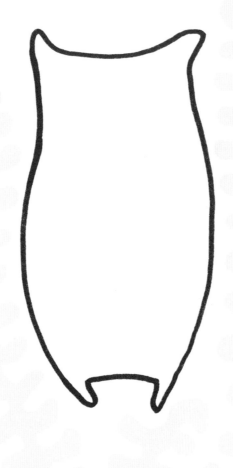

卵黄内预留了给
点纹斑竹鲨幼崽
的营养物质。

半透明的卵鞘

卷须让卵固定在
海藻上。

点纹斑竹鲨幼崽
在孵化前会在卵
里待 11 个月。

画出卷须

（点纹斑竹鲨的卵长约 6 厘米）

成年眶嵴虎鲨
（体长：70—150 厘米）

大多数鲨鱼都不产卵，也就是说，它们是胎生动物——幼体在母体的肚子里成长，在长到一定阶段以后才会离开母体。部分鲨鱼的幼体在出生之前就会在母体里相互残杀，只有最强壮的才能活下来。

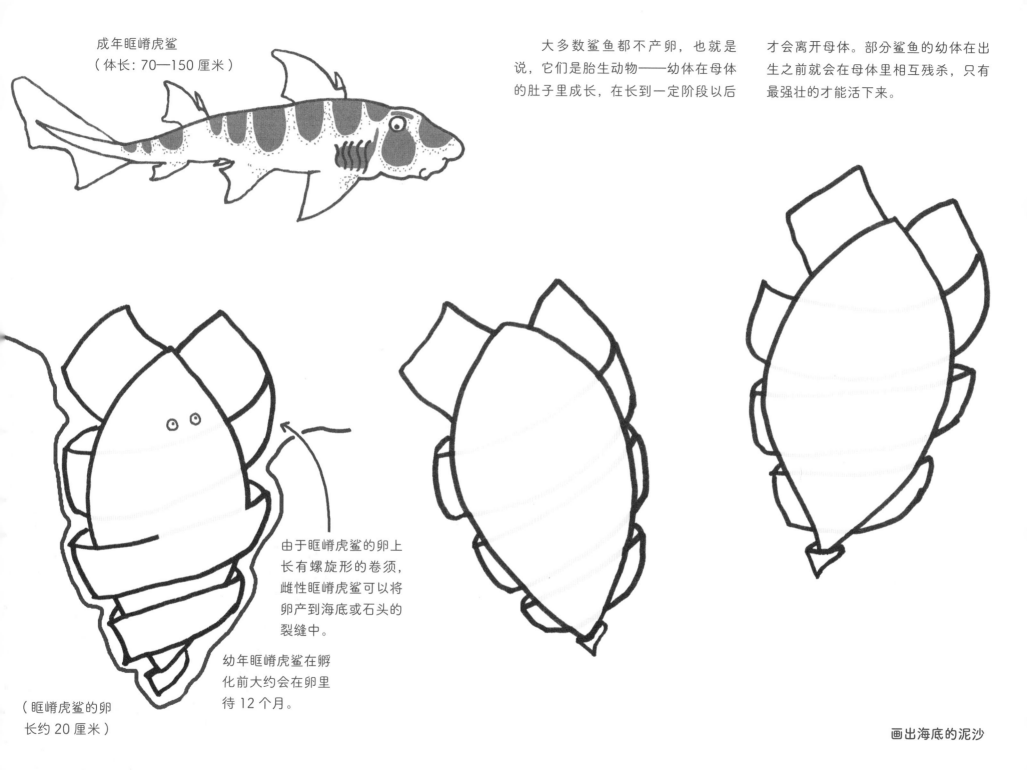

由于眶嵴虎鲨的卵上长有螺旋形的卷须，雌性眶嵴虎鲨可以将卵产到海底或石头的裂缝中。

幼年眶嵴虎鲨在孵化前大约会在卵里待 12 个月。

（眶嵴虎鲨的卵长约 20 厘米）

画出海底的泥沙

电感受

电感受指的是海洋动物感知其他动物时发出微弱电流的能力，鳐和鲨鱼就拥有这种能力。

帮助鳐发现它今天的午餐吧，你需要画出因不同动物的电流而变形的电场线哟。

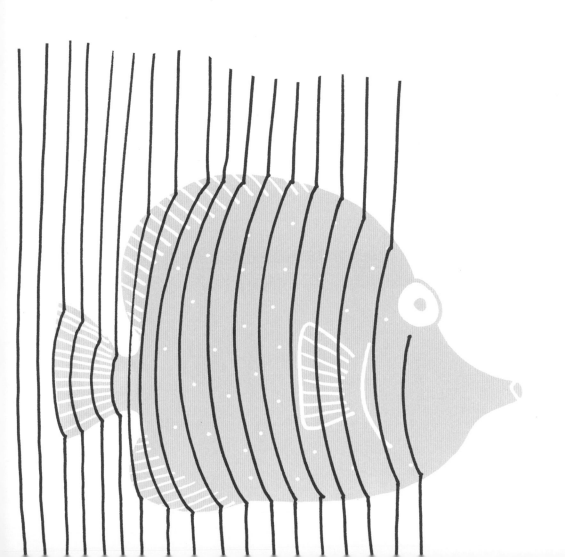

水中霓虹

做一盏水中霓虹灯吧！用下面亮闪闪的字母组成英文单词或汉语拼音，然后把单词或拼音接在石纹电鳐身体两端，计算一下"BOOOM"这个词所需要的电力。如果超出了石纹电鳐的能力范围，它是不会亮的！

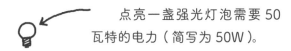 点亮一盏强光灯泡需要50瓦特的电力（简写为50W）。

下面的字母 A 由 10 盏灯泡组成，所以点亮它需要 500 瓦的电力。

500瓦　　700瓦　　　500瓦

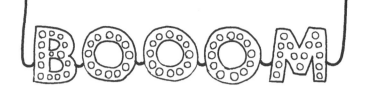

石纹电鳐瞬间能产生的电脉冲为3000 瓦。

500 W + 450 W + 600 W + 550 W = 2100 W
这盏霓虹灯需耗电 2100 瓦。

700 W+600 W+600 W+600 W+750 W=3250 W
这盏霓虹灯需耗电 3250 瓦，超出了石纹电鳐的能力。

选一个汉字的拼音，并参考左页把它的字母画在这里，把线条当作电线，将每个字母串起来，计算一下点亮这些灯需要多少电力。如果结果不超过 3000 瓦，就用彩色笔"点亮"它。

石纹电鳐的头部两端长有能够产生电波的特殊器官，这是它们捕猎的"工具"。石纹电鳐很少袭击人类，但若不小心让它电上一下，你以后一定会躲着它！

开发海洋能源

试着设计一座能将海风和潮汐转化为电力的发电站吧!

强劲的海风吹过海面,该怎么把它转化为能源呢?

海面偶尔平静,大部分时间都会起浪,所以我们还可以利用海浪来提供能源。

在潮汐的作用下,海平面一会儿升高,一会儿降低,这种变化也能转化为能源。

你的发电厂能供应多少电力？能支持一盏灯，一辆电动汽车，一栋房子，还是一整座城市？把它们画下来吧。

化石燃料是人类用来发电的主要燃料，化石燃料包括煤炭、石油和天然气。这些燃料需要几百万年的时间才能形成，但是一块煤、一桶石油和一罐天然气却在短短几分钟内就会被用掉。

风能、潮汐能、波浪能和太阳能都是可再生能源，可以说是取之不尽、用之不竭的。

潮汐发电

在海风的作用下，风车的叶片转动。

海浪时而将浮标推上波峰，时而将它们带下波谷。

风力发电

波浪能发电

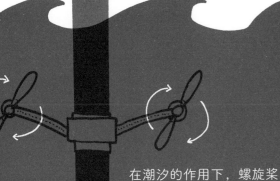

在潮汐的作用下，螺旋桨的叶片转动。

丹麦拥有世界上最大的海上风车园。在丹麦，几乎一半的电力供应来自风力发电，有一部分风车就建在海上。

枪乌贼

这些枪乌贼正在被抹香鲸追逐，请你帮助它们逃脱吧！

用海绵蘸一点墨水或颜料，在每条枪乌贼身上滴一滴，让它慢慢晕开。

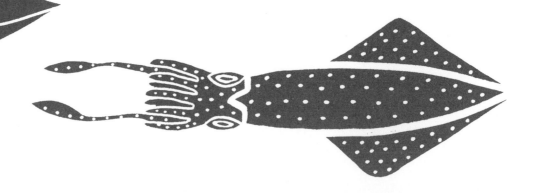

枪乌贼遇到危险时，就会分泌出一种黑色墨汁，墨汁在水里弥漫开来，仿佛一团黑雾，这样，枪乌贼就能在黑雾的掩护下脱身。有时，这一招还会被用来捕猎和求偶。

乌贼分泌的墨汁曾被用来制作深褐色颜料。

美洲大赤鱿

美洲大赤鱿为了捕猎聚在一起。从那条已经变红的美洲大赤鱿开始，把它邻近的同伴依次涂上红色，用这种方法来传送消息吧！注意，每条美洲大赤鱿只能将消息传给一条和自己有直接身体接触的同伴，快点把消息传给每一只美洲大赤鱿吧。

美洲大赤鱿的攻击性非常强，西班牙人将它们称为"红色恶魔"。它们的体长可以达到1.5米—2.5米，鱼群成员的数量可以达到上千只。美洲大赤鱿主要分布于太平洋，也别太担心，因为它们生活在很深的海底！

当美洲大赤鱿在黑暗的深海发现猎物时，它们会快速聚集，身体会从白色变成红色。

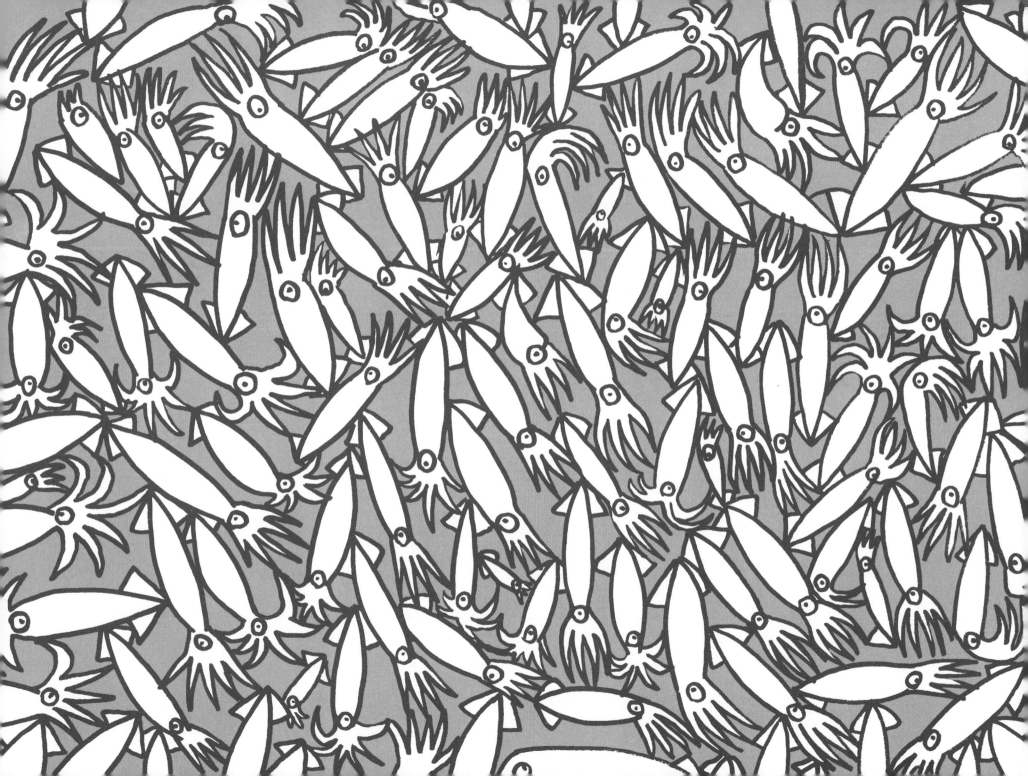

章鱼

章鱼是一种非常聪明的动物，它记忆力很好，还懂得通过观察进行学习和使用工具。

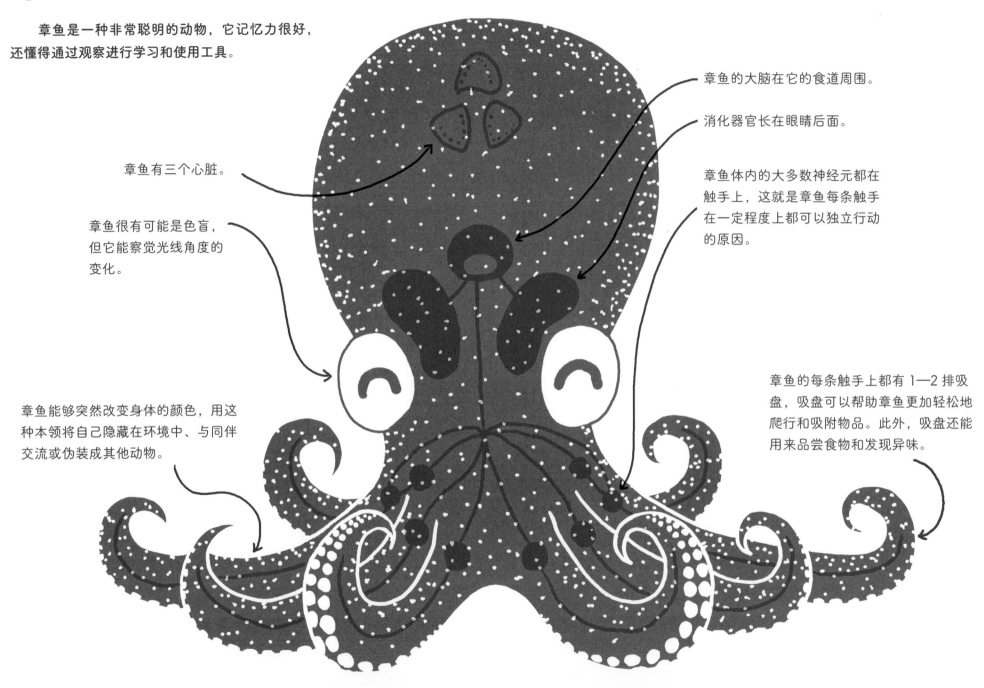

章鱼的大脑在它的食道周围。

消化器官长在眼睛后面。

章鱼有三个心脏。

章鱼体内的大多数神经元都在触手上，这就是章鱼每条触手在一定程度上都可以独立行动的原因。

章鱼很有可能是色盲，但它能察觉光线角度的变化。

章鱼能够突然改变身体的颜色，用这种本领将自己隐藏在环境中、与同伴交流或伪装成其他动物。

章鱼的每条触手上都有 1—2 排吸盘，吸盘可以帮助章鱼更加轻松地爬行和吸附物品。此外，吸盘还能用来品尝食物和发现异味。

现在，请你两只手各拿一支铅笔，两手同时画出下面这些情景中的章鱼。想象你自己就是一条小章鱼，你的两只手就是章鱼的两条触手，开始吧！

　　想象你尝了一下铅笔的味道，会是什么表现？

　　把铅笔换成彩笔，给章鱼穿上一件和你周围环境颜色相似的衣服。

　　想象你的脑袋改变了形状。

　　你现在知道章鱼是怎样感知外部世界的了吗？你也可以找几个小伙伴试一试，分享彼此的感受。

章鱼眼睛

章鱼特别喜欢往裂缝、空壳和沉到海底的瓶子里钻。

一条超级大章鱼钻进这个瓶子里了！奇怪，它是怎么钻进去的呢？
它把整个瓶子都填满了，把它画出来吧！仔细一点，一根触手也别落下。

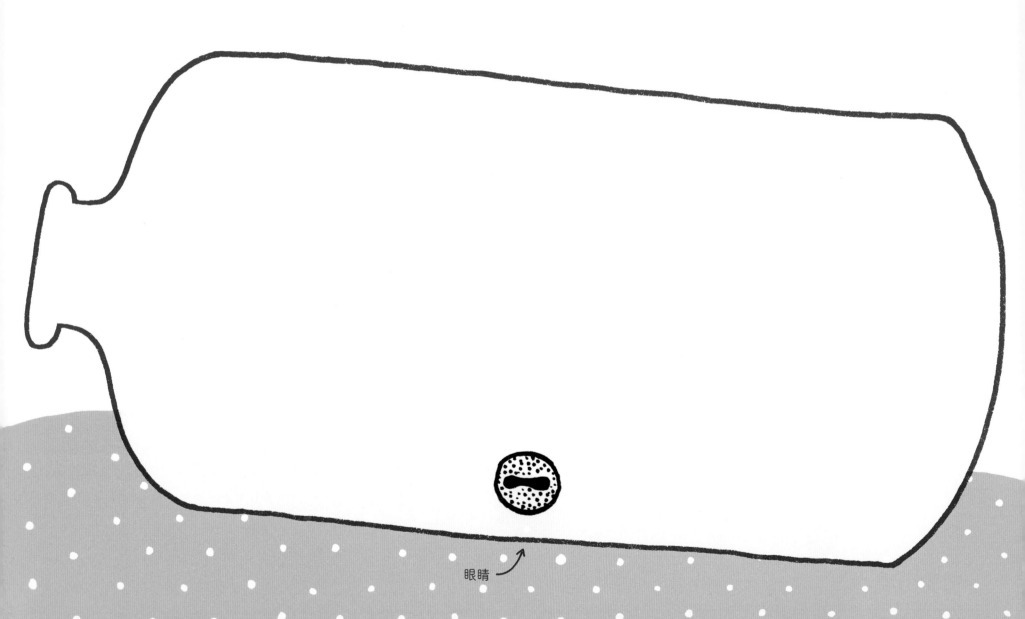

眼睛

这条章鱼发现旁边的瓶子里有一只猎物，想象一下它是如何爬到另外一个瓶子里的，并把这个场景画下来吧。

章鱼没有骨架，它的身体非常柔软，可以钻进几乎任何地方。

珊瑚礁

用彩笔在珊瑚上点一点，让这片珊瑚礁重现生机！充满生机的珊瑚能吸引鱼类、蟹类、海龟、水母、海蜗牛和海星，别忘了把它们也画出来。

珊瑚虫是生活在水中的微型腔肠动物。和它们的近亲水母不同，珊瑚虫过着定居的生活。珊瑚虫主要以浮游生物为食，体型大一些的珊瑚虫也吃甲壳动物、软体动物或鱼类。它们群居生活。

许多珊瑚虫都有坚硬的钙质骨骼，上百万死去的珊瑚虫骨架相连，形成了珊瑚礁。

大多数珊瑚礁与微型海藻共生，海藻不仅给珊瑚装饰了绚丽的颜色，还能成为珊瑚礁的食物，帮助它们长出坚硬的骨骼。

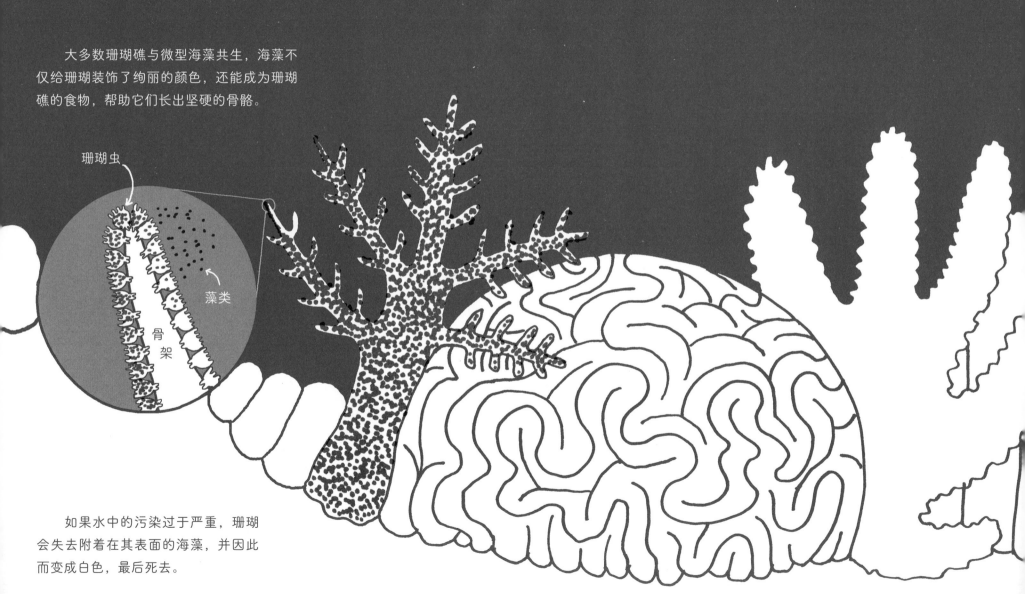

珊瑚虫

藻类

骨架

如果水中的污染过于严重，珊瑚会失去附着在其表面的海藻，并因此而变成白色，最后死去。

赤道附近温暖的浅海是珊瑚礁最密集的地方，这里的生物多样性十分丰富。

世界上最大的珊瑚礁是位于澳大利亚海岸的大堡礁，长约 2000 千米。不幸的是，长年累月的污染让大堡礁现在只存留很小的一块了。

伪装大师

这些伪装大师住在哪儿？根据描述，画出它们生活的环境吧。

伪装可以是一种通过隐藏自己融入环境的艺术。

澳大利亚海域生活着很多叶海龙，它们是生活在海藻中的鱼类，其体表长出的附肢很像树叶，两者甚至难以分辨。

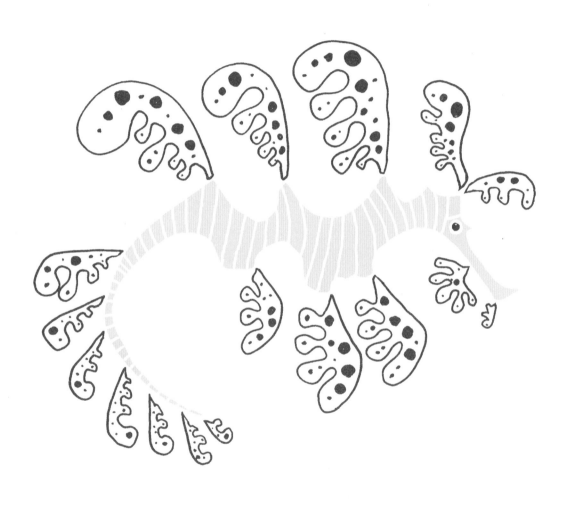

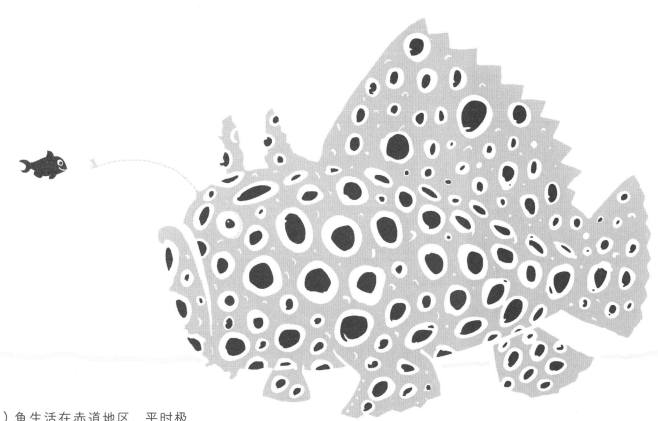

白斑躄（bì）鱼生活在赤道地区，平时极少游动。大部分时间里，它都喜欢一动不动地待在海底，静待小鱼上钩。它头顶的钓饵能够吸引小鱼，一旦有贪吃的小鱼接近，白斑躄鱼便一跃而起将其吞下。

白斑躄鱼的身体颜色和图案十分多变，它能够根据需要进行改变来伪装自己，可以伪装成海藻，也可以伪装成岩石或海绵，你的这一条会伪装成什么呢？画一画。

软珊瑚蟹被英国人称作"糖
果螃蟹"，它们生活在珊瑚礁中。
为了更好地进行伪装，它们会把
珊瑚虫盖在自己身上。

在火海胆的毒刺中，生活着一种名为科尔曼虾的动物，它们甲壳上的图案和火海胆毒刺上的几乎一模一样。

毒刺

巴瑶族

世界上约一半人口生活在距离海洋 100 千米以内的地方，而巴瑶族是一个直接生活在海上的民族——他们生活在菲律宾、马来西亚和印度尼西亚沿海的珊瑚礁间。

请你画一个巴瑶族的村庄，它应该包含船屋、高脚屋、学校，还有正在晒鱼或织毯和渔网的村民们、海上的渔夫、乘船去上学的孩子们、嬉水的儿童，别忘了给自己画上一座小房子哟。

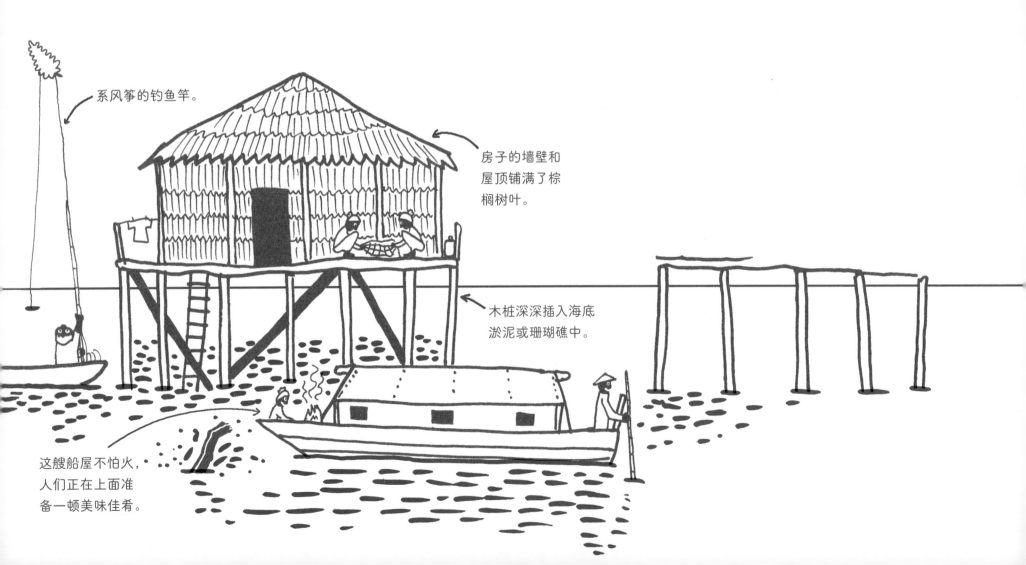

系风筝的钓鱼竿。

房子的墙壁和屋顶铺满了棕榈树叶。

木桩深深插入海底淤泥或珊瑚礁中。

这艘船屋不怕火，人们正在上面准备一顿美味佳肴。

巴瑶族人非常擅长捕鱼，他们掌握多种捕鱼技巧，其中最令人印象深刻的当属风筝捕鱼，捕鱼用的风筝由风干后的蕨叶制成，上面系着诱饵，随风摇摆时能吸引很多鱼。此外，人通过操作风筝能在距离船屋较远的地方钓鱼，避免惊动那些时刻保持警觉的动物。

巴瑶族人也非常擅长潜水，他们能够在水下屏住呼吸 5 分钟以上，也能到水下 15 米深的海域用鱼叉捕鱼。

有时，巴瑶族人会到内陆的市场上卖鱼、贝壳和海参，然后再购买饮用水、大米以及其他生活必需品。但他们不会在陆地上待太久，因为对他们来说，水上生活要自在得多。就像他们自己说的那样，陆地生活会让他们"水土不服"。

海葵

在每只海葵身上滴一滴墨水，用吸管把它吹开，变成海葵的触手，这样小丑鱼就能躲在里面了！

海葵看起来像是开在海里的花，但它其实是一种食肉动物。如果鱼碰到它的触手，海葵就会释放毒素将鱼麻痹。

把墨水滴在
这里哟！

小丑鱼是一种小型鱼类，它们对海葵分泌的毒素免疫，一旦危险逼近，它们就会躲进海葵的触手之间。作为回报，它们也会保护海葵不受其天敌的侵扰。

虫黄藻是一种微型海藻，它寄生在海葵身上，它会利用太阳能将小丑鱼的排泄物转化为养料，并和海葵共享。

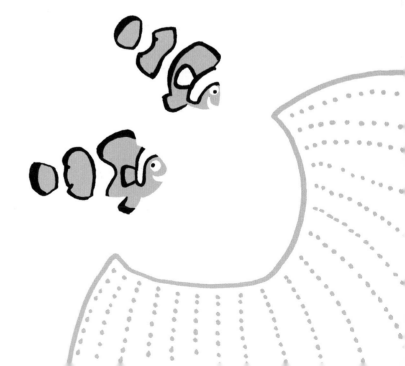

斑鳍蓑（suō）鲉（yóu）

这条斑鳍蓑鲉需要鳍条，请你帮它添在身体上。

用安全无毒的颜料在你的手掌上画出几条横线，伸展手指，将手心对准鱼身按下去，再用笔在鳍条上补上毒棘就可以啦。

斑鳍蓑鲉也叫狮子鱼，以小型鱼类和甲壳动物为食。斑鳍蓑鲉在捕食的时候，会展开像翅膀一样的鳍条来阻挡猎物移动，然后把它一口吞下。

在面对想要吃掉它的猎食者时，斑鳍蓑鲉会用含有毒素的毒棘自卫。人类如果惊扰了它，也会受到它的袭击。斑鳍蓑鲉的毒素会引起疼痛和灼烧感，但并不会致命。

斑鳍蓑鲉生活在太平洋和印度洋的珊瑚礁中，人类也曾意外地将它们带到了大西洋。

斑鳍蓑鲉对于大西洋珊瑚礁的生态环境是一种威胁。由于那里天敌很少，它们大量繁殖，并肆无忌惮地捕食那里的小型海洋动物。如今，一些科学家正在研究让斑鳍蓑鲉离开大西洋的方法。

在美国佛罗里达州举行的鱼叉捕鱼竞赛中，冠军在一个季度内捕到了 3000 多条鱼。

裂唇鱼

想象你现在是一条个头较大的鱼，你来到一个开在珊瑚礁中的"清洁站"，想让裂唇鱼给你清洁一下身体。但是，你要小心！因为有 10 条纵带盾齿鳚（wèi）混进来了，你只有 60 秒的时间把它们找出来，不然你就会被它们咬伤。

你也可以找一个小伙伴一起挑战这个游戏。你们两人分别在左、右页面上找出纵带盾齿鳚，先找到 5 条的人就是赢家。

裂唇鱼是一种小型鱼类，它会吃残留在其他大型鱼类头部的食物，也吃大型鱼身上的寄生虫。

这两种鱼嘴巴的位置和身上的花纹不一样，你发现了吗？

纵带盾齿䲁会装扮成裂唇鱼的样子，但它们并不会给大鱼治病，而是趁机在其体表或鱼鳍处狠狠咬上一口，然后逃之夭夭。

窄额鲀

窄额鲀生活在日本海岸，雄性窄额鲀会在海底的泥沙中制作"麦田怪圈"来吸引雌性在此产卵。

将本页图案补充完整，然后找你的朋友说一说哪个画得更好看。

你也可以找小伙伴和你一起画，一人画一半。

虽然这些聪明的窄额鲀个头很小，雄性体长一般约 12 厘米，但它们制作的"麦田怪圈"直径可达 2 米。

雄性窄额鲀制作一个"麦田怪圈"需要花 9 天时间，它们会用鱼鳍和尾巴进行雕刻，再用贝壳做装饰。

海七鳃鳗

小心海七鳃鳗！它们可是会吸血的！帮助左边的幼年鲑鱼躲过所有蓝色的海七鳃鳗，并从这一页最右端逃脱吧！你还要帮助右边的成年鲑鱼躲过所有红色的海七鳃鳗，从页面最左边逃出去。

海七鳃鳗在河流或湖泊中度过幼年期，成年后移居到海洋。它在临死前，会找一片淡水水域产卵，然后死去。

海七鳃鳗会用自己的利齿咬住其他鱼类，然后吸它们的血。

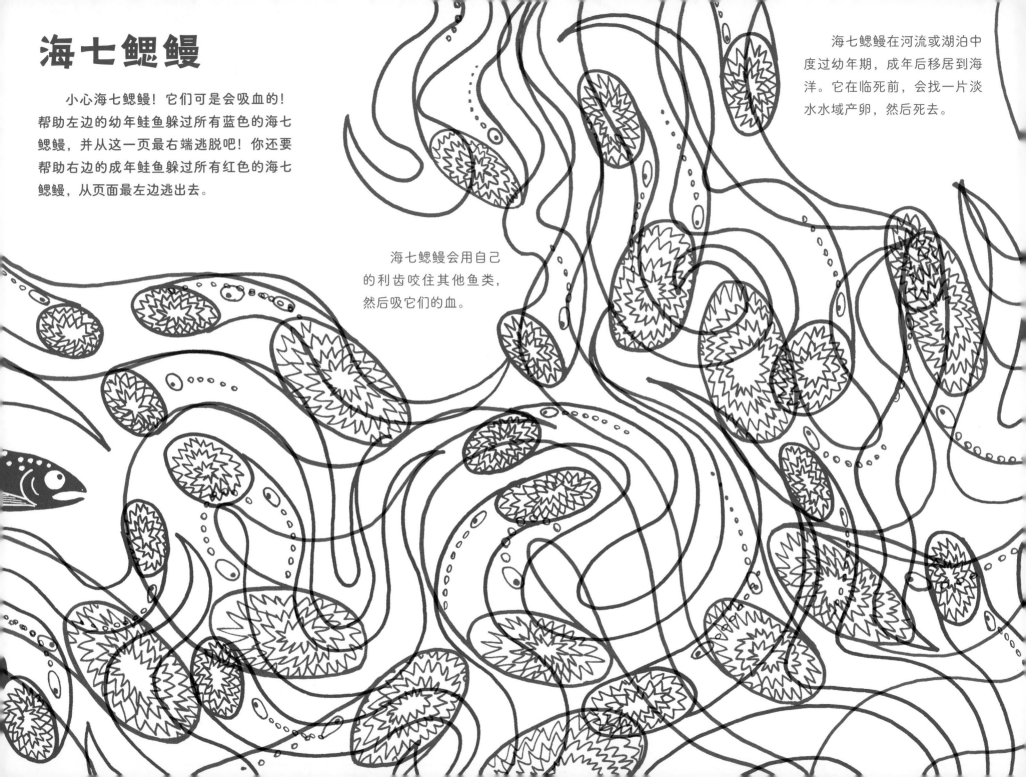

和海七鳃鳗一样，鲑鱼也是在淡水中长大，成年后在咸水水域生活 2—3 年，再回到出生时的河流中产卵。

纳氏鹞鲼（yào）鲼（fèn）

纳氏鹞鲼喜欢成群结队地出游，你在这两页中发现了几条纳氏鹞鲼？像下面这只那样，请你用笔把它们的轮廓勾出来吧。

纳氏鹞鲼生活在温暖的水域，它们是一种长有斑点的鱼类，身体呈独特的扁平状。纳氏鹞鲼游动时的姿态就像在空中飞翔的样子。有时，它们会跃出水面，可能是为了躲避捕食者的追赶。

纳氏鹞鲼的嘴如鸟喙一般，能轻松地将小型海洋生物从海底挖出来。

纳氏鹞鲼的背上有很多斑点，这让它们在贴近海底游动时很难被发现。

纳氏鹞鲼的尾巴上长有毒刺。

纳氏鹞鲼的肚子是白色的，因此它在海里游动时，可以不被身体下方的动物发现。

纳氏鹞鲼的胸鳍展开可达 3 米宽。

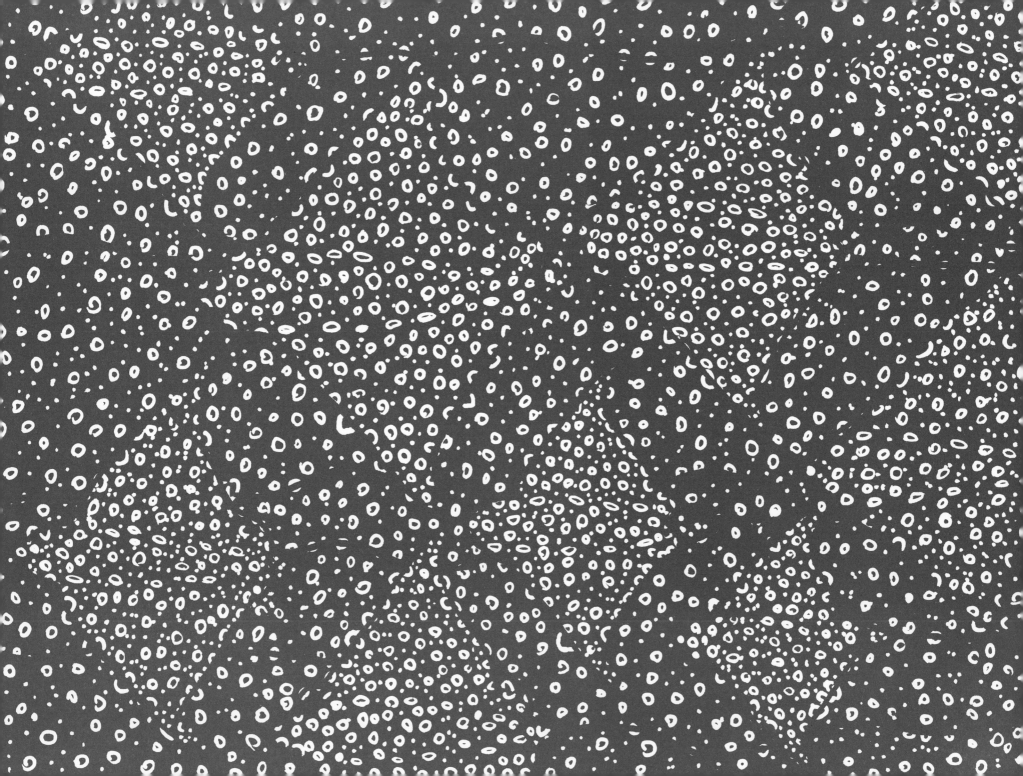

珍珠

自己动手制作珍珠吧！找一些不同大小的圆形物体，如黄豆、纽扣、玻璃球（小心误食）等都可以。根据它们的大小，把它们依次塞进不同的贝壳中，你能得到完美的珍珠吗？

珍珠是由瓣鳃纲动物或其他有贝壳的软体动物，在有外部异物入侵的情况下产生的。

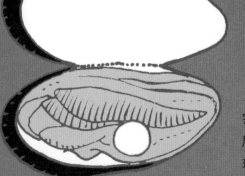

为了防止异物对自身造成伤害，贝壳会分泌珍珠质将异物层层包裹，在贝壳内壁上也覆盖着珍珠质。

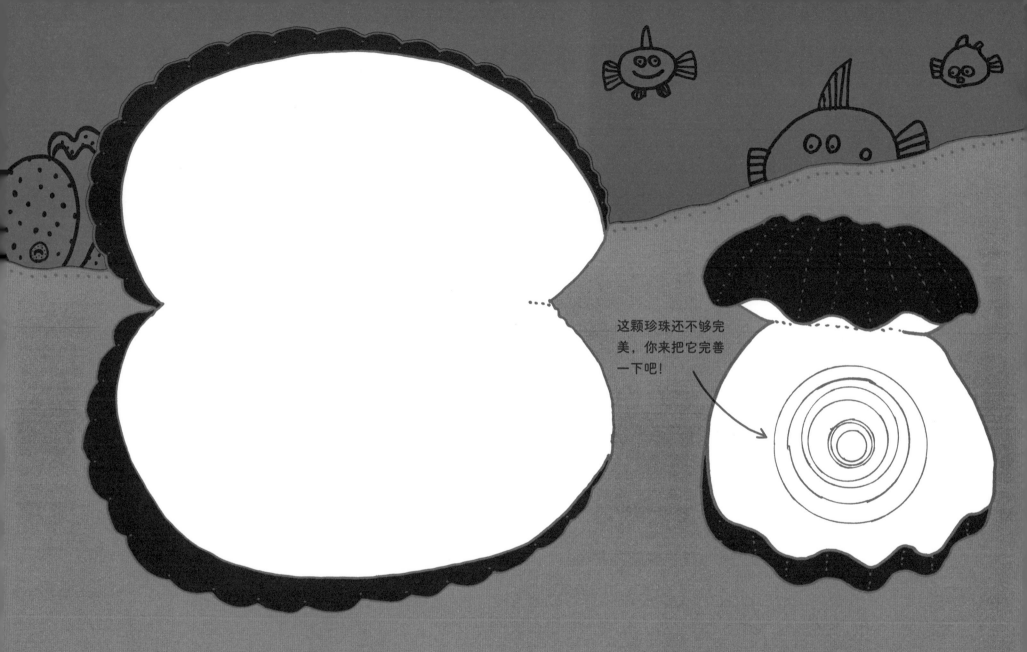

这颗珍珠还不够完美，你来把它完善一下吧！

珍珠有很多种形状，但珠宝商最偏爱圆溜溜的珍珠。大珠母贝是世界上能产出最大圆形珍珠的瓣鳃纲动物。在自然条件下，1 万个贝壳中可能才形成 1 颗珍珠。

人类目前发现的天然形成的最大圆珍珠的直径约为 24.5 毫米，而最大的不规则形状珍珠长度约达 67 厘米，重约 34 千克！

在 13 世纪，中国人就发现可以通过人工手段来培养珍珠。如今，日本已经发展出具有一定规模的珍珠养殖业。人们将异物塞入贝壳体内，然后将其装入特殊木箱沉入水中，几年后再将其捞出，取出贝壳里面的珍珠。

鱼拓

在照相机被发明出来之前，日本的渔夫会用一种叫作"鱼拓"的技术将钓到的鱼的样子保留下来。他们将颜料涂在鱼的身体表面，然后将其翻印到纸上。

下图的鱼拓没印完整，请你用颜料把它补全吧！如果在颜料干掉之前，把书合上，并用手使劲压一会儿，那么你重新打开书时，就会发现鱼拓被印到对页上啦。

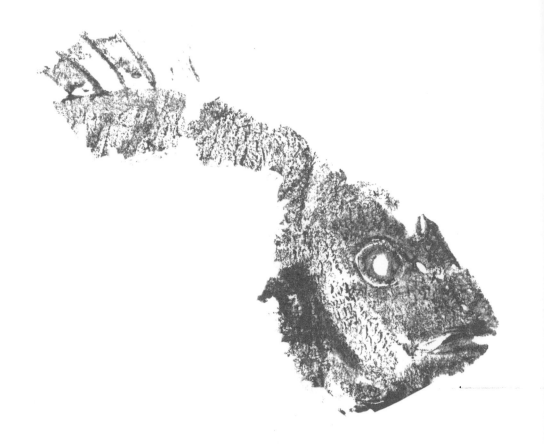

过度捕捞

这艘拖网渔船原本是出海去捕鳕鱼的，所以请你给渔网里所有不是鳕鱼的生物涂上红色，警醒人们过度捕捞的危害性。

拖网捕鱼是用渔船拖动放到深水中的巨大渔网前行，它会在航行中将途中的所有海洋生物都收入网中。

用这种方法捕到的生物中，约 90% 都是过度捕捞的受害者。它们对渔夫没有价值，大部分会死在渔网中，然后被扔回大海。

由于拖网捕鱼会对生态系统造成极大的破坏，部分国家已经在一定程度上禁止这一捕鱼方法了。

鳕鱼

据科学家推测，还有数百万种海洋生物尚未被人类发现。令人难过的是，野蛮的过度捕捞可能会让一些海洋生物在被我们发现之前就灭绝了。

海洋寿星

这些海洋寿星都能活到多少岁？
用不同颜色的笔涂满寿星和它们预期
寿命的连线吧！

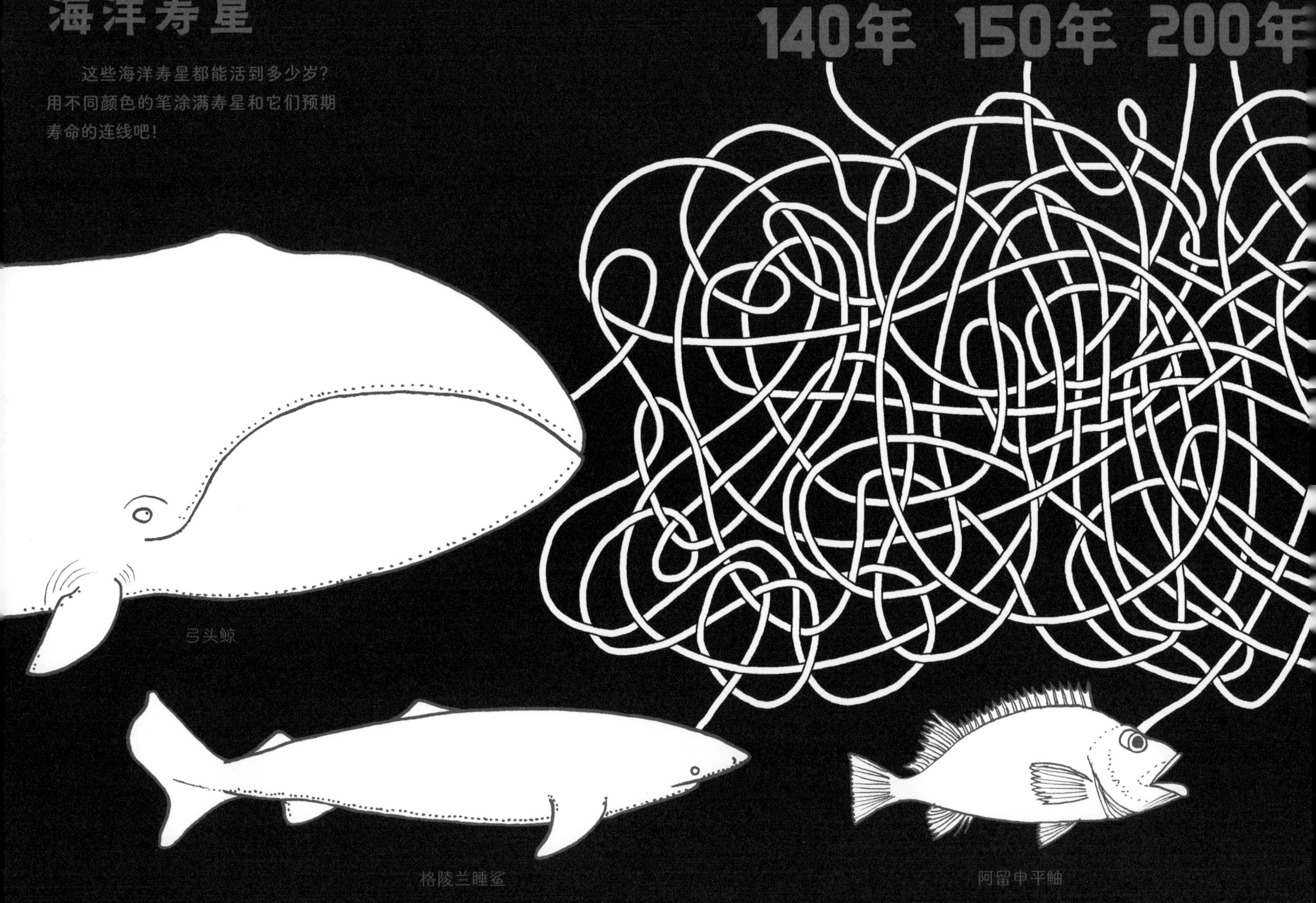

弓头鲸

格陵兰睡鲨

阿留申平鲉

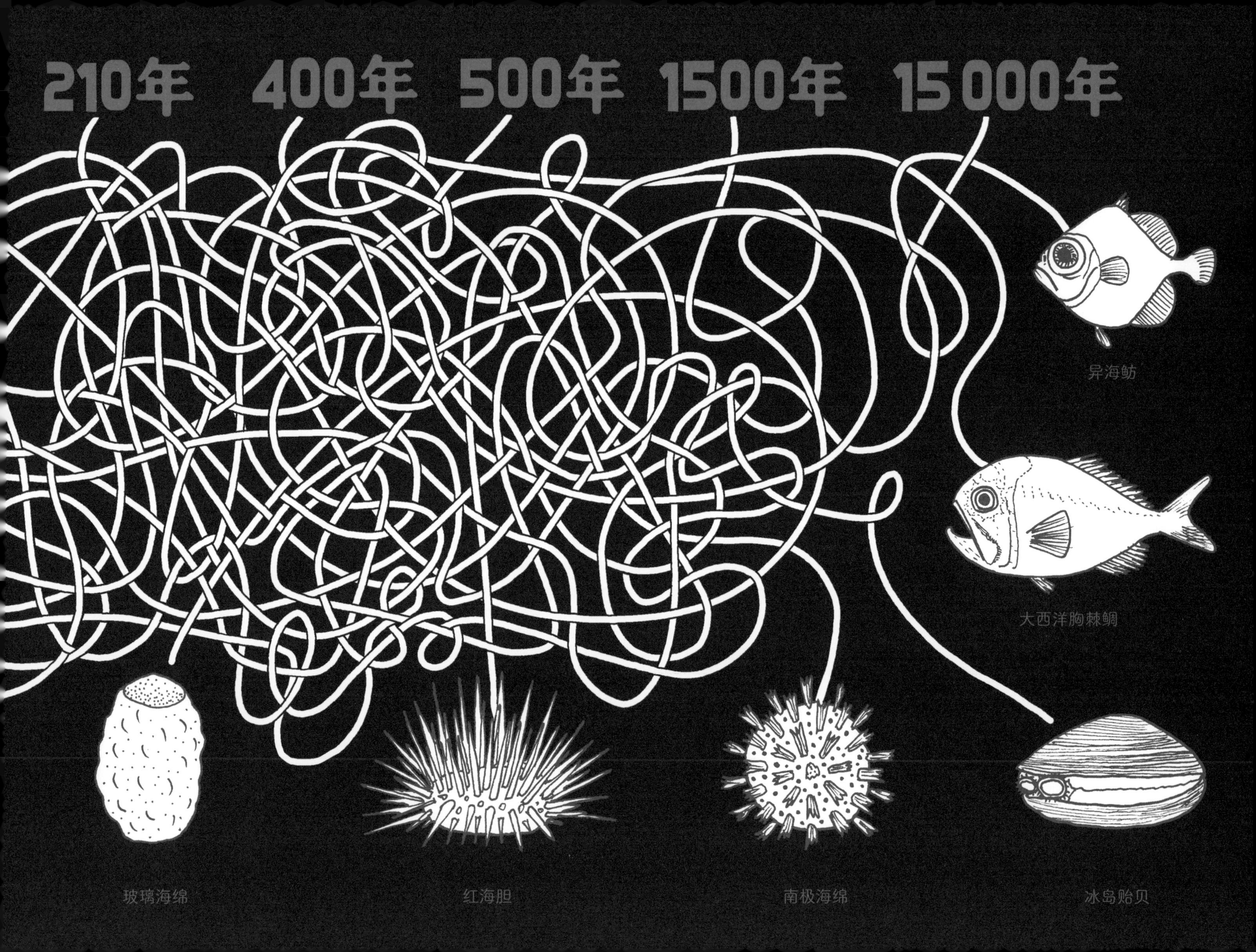

210年　　400年　　500年　　1500年　　15 000年

异海鲂

大西洋胸棘鲷

玻璃海绵　　　　　　　　红海胆　　　　　　　　南极海绵　　　　　　　冰岛蛤贝

潜水艇

让我们造一艘潜水艇吧!

你需要准备:
- 配有吸嘴的塑料瓶1个
- 剪刀1把
- 合金黄油刀1把(使用过程要小心,
  或者请家长来帮忙)
- 胶带
- 吸管若干
- 橡皮泥或黏土
- 毡笔

空气把水挤了出去。

4. 把几根吸管接在一起,
   变成一根长管子(稍微
   挤压一下吸管,就更容
   易插进去了);

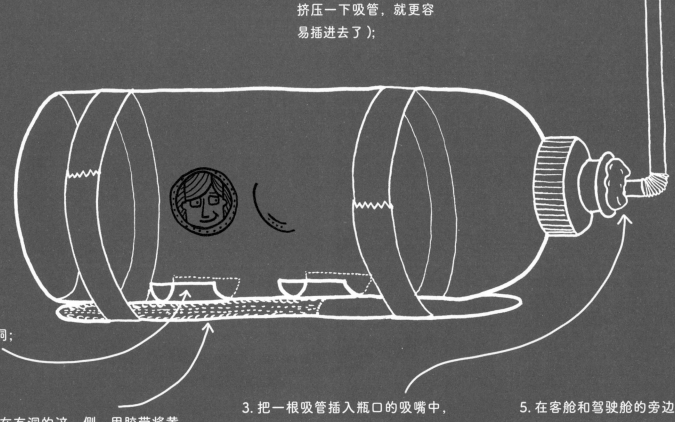

1. 在塑料瓶壁上挖两个洞;

2. 在有洞的这一侧,用胶带将黄
   油刀绑在瓶子上,作为潜艇的
   压载水舱;

3. 把一根吸管插入瓶口的吸嘴中,
   用橡皮泥加固以免进水;

5. 在客舱和驾驶舱的旁边画上几个
   圆窗,当作潜艇的舷窗;

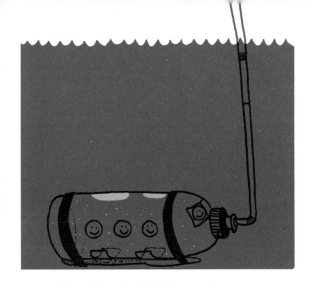

6. 在浴缸或洗手池里装满水，把潜水艇放进去，等待它沉到水底（吸管一端要露出水面）；

空气把水挤了出去

7. 往吸管里吹气，让潜水艇内部充满空气，直至它浮出水面，接下来你再想想办法，让它停在中间深度的水域。

一艘真正的潜水艇在下潜时不能让水进入整个船舱，只填满压载水舱就可以了。

通过将潜水艇储存的压缩空气注入压载水舱，潜水艇就可以上升到水面。

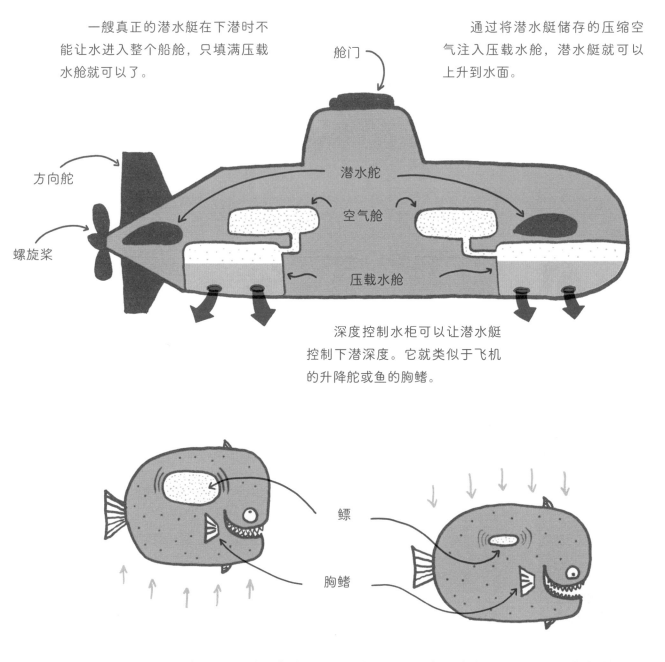

舱门

方向舵

螺旋桨

潜水舱

空气舱

压载水舱

深度控制水柜可以让潜水艇控制下潜深度。它就类似于飞机的升降舵或鱼的胸鳍。

鳔

胸鳍

潜水艇控制下潜深度的原理源于鱼类。大多数鱼类的体内有一个叫作鳔的囊状器官。

如果鱼想要上浮，它就把氧气送入鳔内；如果它想下潜，就把氧气从鳔中排出去。

水陆两栖车的名字	
作者的名字	

水 陆 两 栖 车

　　水陆两栖车是一种在水面和陆地上都能畅通无阻的载具。设计一辆水陆两栖车，让它载着你环游世界吧！

　　你的车能坐几个人？你能在车上生活吗？它在地上和在水上分别是用什么方法前进的？它是否能在水下前进？如果它可以在水下前进，它是如何控制下潜深度的呢？

制造时间	
可容纳乘客人数	
非载客状态下的重量	
最大时速	

再设计几张别致的明信片，寄到家里去留作纪念吧！

水下机器人

水下机器人能够完成人类派给它的多种任务。你现在看到的正是一台水下机器人拍摄的图像。除了本页已经列举的功能，它还能做些什么？发挥你的想象力，在空白的纸上画出具有其他功能的机械臂，然后剪下来粘到这里。

水下机器人的用途很广：分析水体和生活在水里的动植物情况、探索深海、观测洋流、探索沉船和海底洞窟、检查钻井平台水下设施和引爆矿井等。

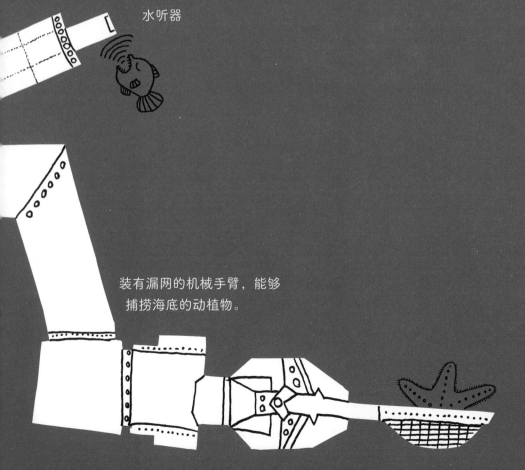

水听器

装有漏网的机械手臂，能够捕捞海底的动植物。

吸收浮游生物的吸嘴

有一些水下机器人是自动的，只要有人事先给它们编好程序，它们就可以自行完成任务。本页的水下机器人属于另一种类型，它通过线缆与海面上的船只相连，船上的科学家就可以对机器人进行实时操作，通过摄像机实时监控海面下发生的一切。

这条银鲛希望在这片暗礁中找到
一些贝类作为今天的晚餐，
别让它失望！

深海珊瑚

在冰冷漆黑的深海，生活着深海珊瑚。找一支白色铅笔或修
正液，闭上眼睛，画出一片藏着怪鱼、虾、蟹、章鱼、海星、海
胆、海葵、海蜗牛和海蜘蛛的珊瑚礁，别偷偷睁开眼睛哟！

这种珊瑚的触手顶端像粉红色的口
香糖球，英国人也叫它"口香糖
球珊瑚"。

它隶属于海百合纲，
非常爱吃浮游动物。

深海珊瑚生活在海洋几千米深的海域，这里不仅水温很低，一般在 4—12℃之间，而且还一片漆黑。

由于深海完全照不到阳光，深海珊瑚无法依靠微型藻类来提供养分，它们主要以浮游动物为食，这也是深海珊瑚一般会生长在洋流附近的原因。

深海珊瑚礁为数百种动物提供了栖息地，其中有相当一部分仍未被发现。

这条章鱼
正在孵卵。

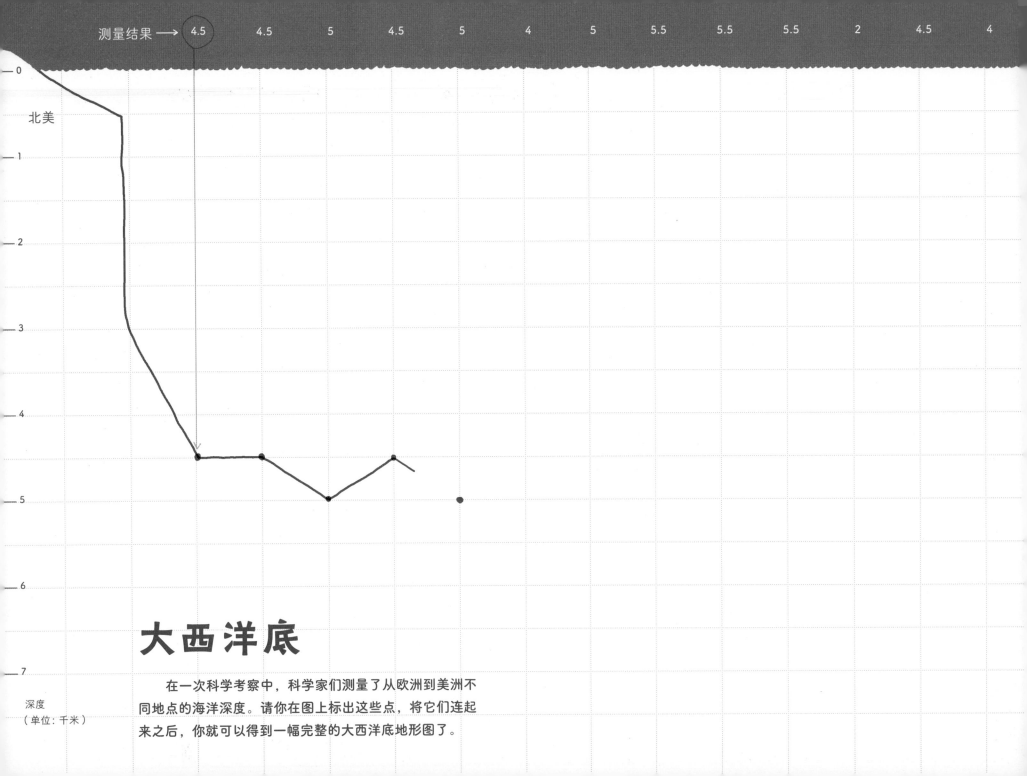

测量结果 ⟶ 4.5   4.5   5   4.5   5   4   5   5.5   5.5   5.5   2   4.5   4

北美

0

-1

-2

-3

-4

-5

-6

-7

深度
（单位：千米）

大西洋底

在一次科学考察中，科学家们测量了从欧洲到美洲不
同地点的海洋深度。请你在图上标出这些点，将它们连起
来之后，你就可以得到一幅完整的大西洋底地形图了。

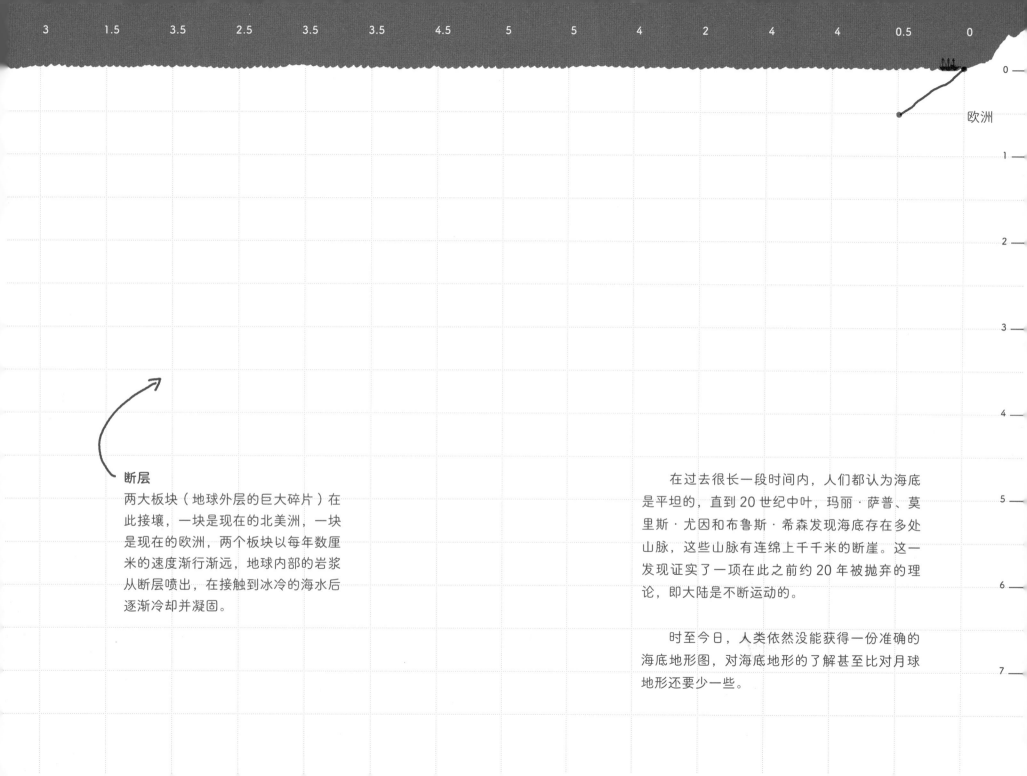

3   1.5   3.5   2.5   3.5   3.5   4.5   5   5   4   2   4   4   0.5   0

0

欧洲

1

2

3

4

断层
两大板块（地球外层的巨大碎片）在此接壤，一块是现在的北美洲，一块是现在的欧洲，两个板块以每年数厘米的速度渐行渐远，地球内部的岩浆从断层喷出，在接触到冰冷的海水后逐渐冷却并凝固。

在过去很长一段时间内，人们都认为海底是平坦的，直到 20 世纪中叶，玛丽·萨普、莫里斯·尤因和布鲁斯·希森发现海底存在多处山脉，这些山脉有连绵上千千米的断崖。这一发现证实了一项在此之前约 20 年被抛弃的理论，即大陆是不断运动的。

时至今日，人类依然没能获得一份准确的海底地形图，对海底地形的了解甚至比对月球地形还要少一些。

5

6

7

新的生命形态

在海底热泉的周围寻找新生命形态的蛛丝马迹吧！

找一把旧牙刷，蘸上不同颜色的颜料，甩在这两页上（这些颜料点点都当作化学物质）。仔细观察获得的微粒，将点和点相连，就能形成一种新生物。你创造的是细菌，植物，还是动物呢？

海底热泉多出现在地壳较薄弱的地区，如大陆板块交汇的地方。

海水从缝隙渗入。

滚烫的海水在压力的作用下喷出，其中含有的部分化学物质沉积在泉口，"烟囱"因此变得越来越大。

熔岩加热了上方的岩层。

岩层加热了渗进来的海水，海水中充满化学物质。

海底"烟囱"以每年数厘米到数米的速度生长。

最高的海底"烟囱"可以长到60米高！

由海底热泉形成的大型生
物群落不仅吸引了许多生
物，还吸引了想要开发它
的社会机构。

有科学家认为，地球上的生命
最初存在于热液喷口附近。

深海鱼类

深海鱼类像极了怪物，而你刚刚发现了一条还没有为科学家们所知的新物种。把燃烧的蜡烛液（请注意安全，以免烫伤）滴在右页，将黑色颜料和几滴洗洁精混合后，涂在蜡烛液上，把"怪物"的模样画出来吧！等画晾干之后，用牙签把画的轮廓勾勒出来，再给它取个威风的名字吧！

还有许多生活在深海的鱼类有待我们去发现。

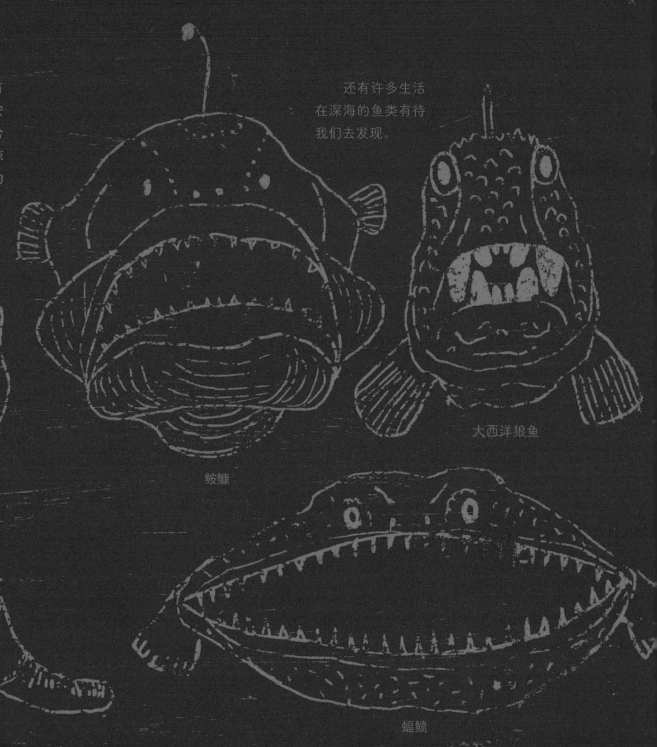

马舌鲽

鮟鱇

大西洋狼鱼

叶吻银鲛

蝠鲼

发光生物

在漆黑的深海生活着很多发光生物。在这两页下面各垫一张较厚的纸，然后小心用针在这些动物身上戳一些小洞，再把它拿到灯光前，观察这些神奇的动物是怎么照亮幽暗的海底的。

阳光无法照进 1 千米以下的深海，所以深海的海水冰冷又漆黑，然而这里的生命非常丰富而活跃。

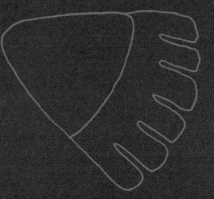

我们把这种生物产生并散发光亮的现象称作生物发光现象。

许多生活在深海的生物会通过发光来吸引伴侣、寻找食物、迷惑天敌或寻求帮助。

海平面之下

将下一页的物体剪下，贴在这一页与下下页对应的深度。

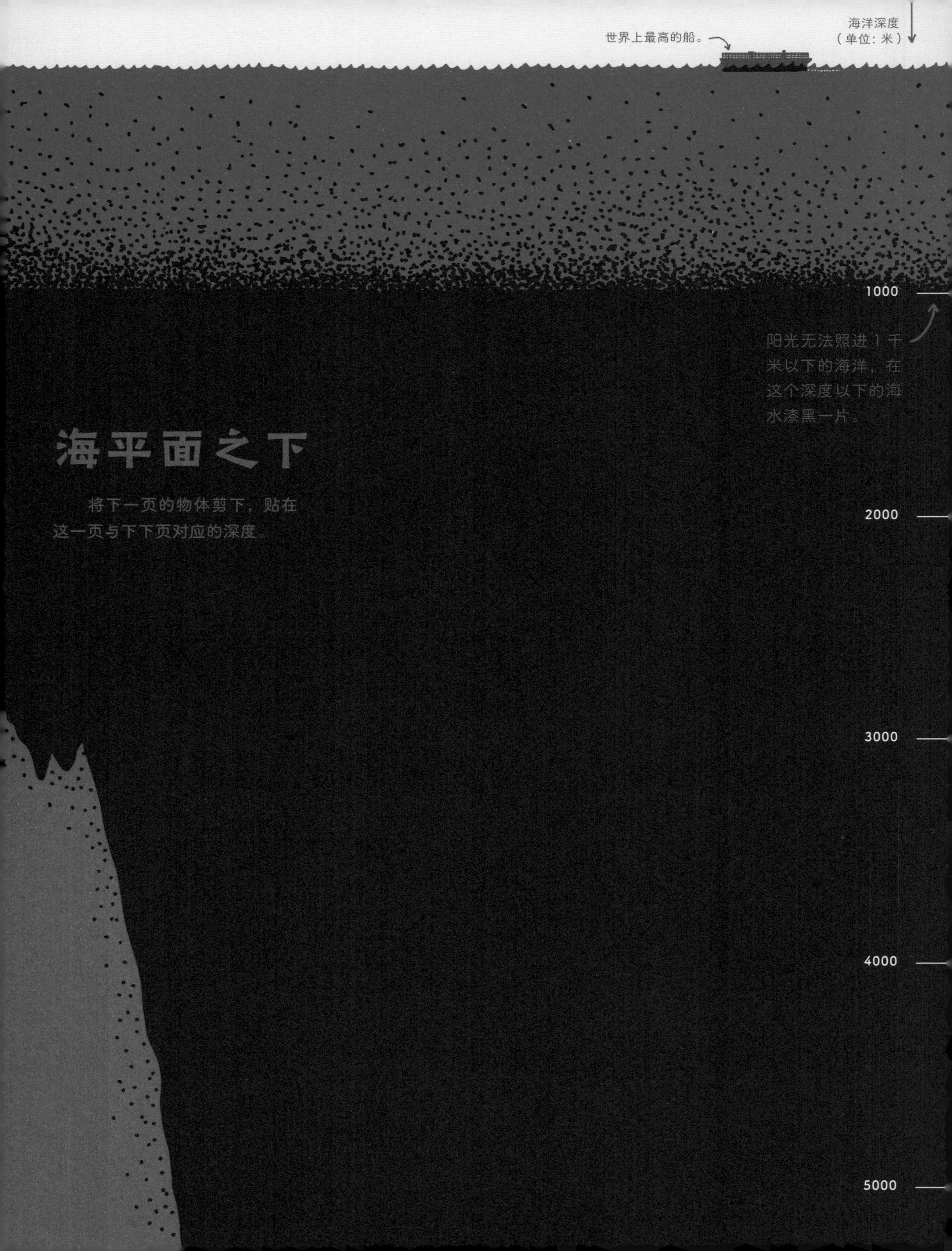

世界上最高的船。
海洋深度
（单位：米）
1000
2000
3000
4000
5000

阳光无法照进 1 千米以下的海洋，在这个深度以下的海水漆黑一片。

约8850

把珠穆朗玛峰倒置所能达到的最大深度

8143

拍摄到鱼类出没的最大深度，该种鱼的品种尚不可知，外观上看似乎是属于狮子鱼科

8370

捕获到鱼的最大深度，这是一条神女底鼬鳚

7000

体长超过30厘米的甲壳类门动物所能生存的最大深度，它叫作深海钩虾

332

埃及人艾哈迈德·加布雷在2014年所创造的人类潜水最深世界纪录

3688

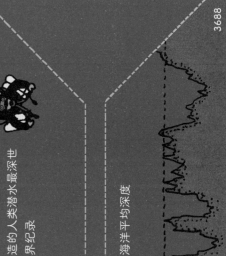

海洋平均深度

3798

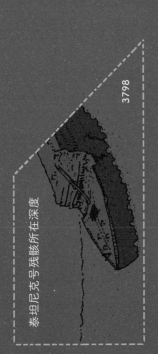

泰坦尼克号残骸所在深度

2992

最擅长潜水的哺乳动物柯氏喙鲸所创造的潜水纪录

459

兰德索尔海沟，波罗的海的最深处

4500

世界上最早的一代深海潜艇"阿尔文号"潜艇所到达过的最大深度（但是"阿尔文号"经过改造后，可以下潜到6500米深）

7062

搭乘了三名船员的中国"蛟龙号"潜水艇所到达的最大深度

10898

在2012年向马里亚纳海沟最深处发起的探索中，詹姆斯·卡梅隆驾驶名为"深海挑战者"的迷你潜水艇所创造的最大深度

6000

7000

8000

9000

10 000

11 000

马里亚纳海沟是迄今为止
人类已知最深的海沟。它
位于太平洋西部海域,
全长 2500 千米。

挑战者深渊是已知世界上
最深的地方。

10 984

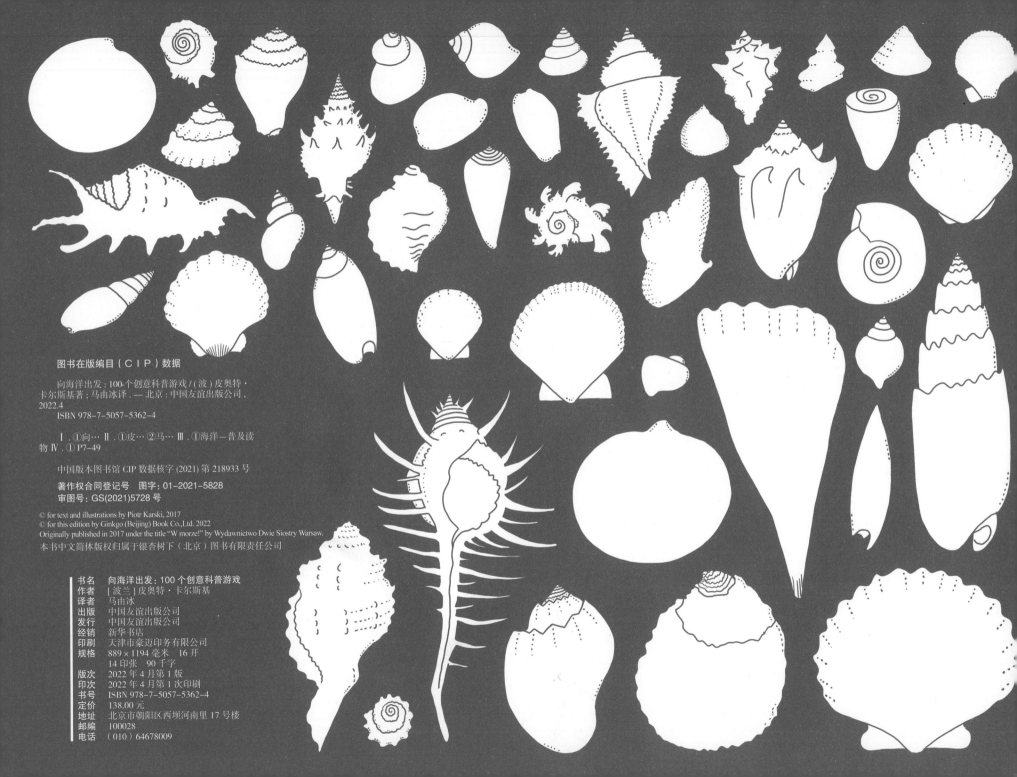

图书在版编目（CIP）数据

向海洋出发：100 个创意科普游戏 /（波）皮奥特·
卡尔斯基著；马由冰译 . —— 北京：中国友谊出版公司，
2022.4
ISBN 978-7-5057-5362-4

Ⅰ.①向… Ⅱ.①皮…②马… Ⅲ.①海洋—普及读
物 Ⅳ.① P7-49

中国版本图书馆 CIP 数据核字 (2021) 第 218933 号
著作权合同登记号　图字：01-2021-5828
审图号：GS(2021)5728 号

书名	向海洋出发：100 个创意科普游戏
作者	[波兰] 皮奥特·卡尔斯基
译者	马由冰
出版	中国友谊出版公司
发行	中国友谊出版公司
经销	新华书店
印刷	天津市豪迈印务有限公司
规格	889×1194 毫米　16 开
	14 印张　90 千字
版次	2022 年 4 月第 1 版
印次	2022 年 4 月第 1 次印刷
书号	ISBN 978-7-5057-5362-4
定价	138.00 元
地址	北京市朝阳区西坝河南里 17 号楼
邮编	100028
电话	(010) 64678009